U0277100

疯狂博物馆·湿地季

神秘的树洞

陈博君 /著　　　　柯曼 /绘

ZHEJIANG UNIVERSITY PRESS
浙江大学出版社

目 录

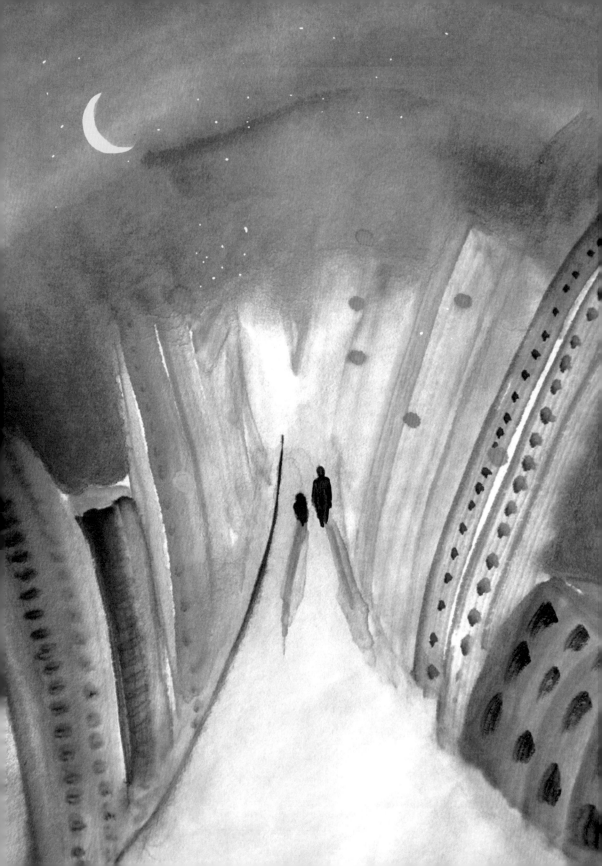

引子　大树洞我来了

周六的傍晚，光线幽暗的街道上一片寂静。耸立在道路两旁的楼房，在斑驳的光影中显得影影绰绰，让人感觉格外压抑。而那从高高矮矮的楼房中渐次亮起的灯光，却透露出一种隐匿在寂静背后的骚动。

卡拉塔背着大大的双肩书包，默默地走在爸爸的身边。

父子俩一大一小的背影沿着逼仄的街道渐渐远去，两道长长的影子清晰地投射在了身后的地面上。

"今天你已经看了一整天电视了，待会儿到了博物馆，先抓紧做作业，不要到处乱跑。"卡馆长叮嘱着，下意识地托了托黑框眼镜，头也不回地继续往前走着。

"嗯。"卡拉塔闷闷地应了一声，貌似情绪不高。他不紧不慢地跟着爸爸的脚步，其实心里却是挺激动的。

"神秘的大树洞，我来了！"他在心里默默地喊着。

卡拉塔的爸爸是湿地博物馆的馆长。爸爸虽然是馆长，却从来没有带卡拉塔去玩过。唯一一次去这个博物馆，还是学校组织的秋游。那是一座藏在小山包里的博物馆，里面有各式各样的湿地造景，还有五花八门的动植物标本，可好玩了。尤其是那个红树林下的大树洞，据说是可以钻进去观察树根的，特别让卡拉塔心驰神往。

那次，博物馆里的游客特别多，看到其他小朋友排着队在树洞里钻进钻出，卡拉塔的心里甭（béng）提有多痒痒了。那树洞里到底是长啥样的呢？卡拉塔真想趴下身子，钻进去看个究竟。可是，当着同学们的面，他又不好意思撅（juē）着屁股去钻树洞。那多糗啊，会有损他这个学霸的光辉形象的。

所以他一直盼望着，要是哪次爸爸值夜班的时候带上他就好了，那就可以趁着没有游客的时候，到那个树洞里尽情地玩个过瘾了。

没想到，机会还真说来就来。

周五晚上，卡拉塔和爸爸妈妈围坐在餐桌前吃晚饭，卡妈一边小口地喝着菜汤，一边说道："卡爸，这个双休日我们公司在广州有个推介会，明天一早就得走，后天傍晚回来，儿子又得你管两天了。"

妈妈总是这样，当了个部门经理，就忙得跟国家元首似的，整天就知道工作、工作，加班、加班。不过这一次，听妈妈说又要出差开会，卡拉塔不仅没有半点埋怨，甚至还有一点小小的窃喜。因为爸爸每个周末都得去馆里值班，这样他就可以名正言顺地跟去博物馆啦。

"哦，明天我要去馆里值晚班，那我把卡拉塔带去吧！"卡馆长抬头看了儿子一眼，果然把话说到了卡拉塔的心坎里。

哈哈，终于梦想成真啦！一想到这里，卡拉塔心里乐开了花。

引子　大树洞我来了

一 淘气的小坏蛋

卡拉塔在学校里可是个学霸级的人物，虽然他的性格有点内向，但学习成绩却是在全年级排得上号的。许多同学觉得痛苦无比的课外作业，到他手里，基本不费吹灰之力；就算是那些特别烧脑的附加题，他也总是能分分钟拿下。

本来卡拉塔是想早点把作业做完的，这样晚上跟着老爸去博物馆，就可以一门心思玩了。可问题是，白天老妈去了广州，老爸又在书房里研究了一整天的资料，根本没空理会他。这么轻松自在又逍遥的日子，实在是百年一遇啊，卡拉塔怎么能让这段美好光阴虚度在无聊的课外作业当中呢？

结果，这个周六，一向以学业为重的好同学卡拉塔，就自作主张地给自己放了一天羊。从早晨妈妈拎着行李箱出门的那一刻起，他就横在了客厅的沙发上，哪里也没去，光是看看电视、打打网游、吃吃零食，一天就这么稀里糊涂地过去了。

卡拉塔一点儿也不担心，反正作业对他来说根本就是毛毛雨，一两个小时就能全部搞定。但今天毕竟已经玩儿一整天了，所以这会儿，就算卡馆长不叮嘱，卡拉塔也会自觉自愿地先把作业做完的。

一到博物馆，卡馆长就把卡拉塔带进了会议室，他指着一长排油光可鉴的回形办公桌说道："儿子啊，你就在这里做作业吧，我得去工作了。"

"爸爸！"卡拉塔一边拿出书本往桌上放，一边小心翼翼地问道，"那待会儿做完作业，我干些什么呢？"

"呃，这个……"卡馆长显然并没有思考过这个问题，于是想到哪里说到哪里，"要不，你看看书？或者，看看电视也行……"说着，还用手指了指镶（xiāng）嵌在墙上的液晶电视机。

"还看电视呀！"卡拉塔噘（juē）起嘴嘟哝道，"我都看了一天电视了。"

"那，你想干什么呢？"卡馆长看看儿子的脸，似乎读到了什么预谋。

"我想去展厅里逛逛！"卡拉塔顿时来了精神。

"去展厅逛逛？"卡馆长皱起眉头，把头摇得跟拨浪鼓似的，"不行不行，早就闭馆了，展厅里黑咕隆咚的，什么也看不清，有啥好逛的？"

"不黑的啊，不是有应急照明灯吗？而且我还有这个……"

一　淘气的小坏蛋

卡拉塔变戏法似的从背包中摸出一支手电筒，在卡馆长面前得意地晃了晃，"爸爸您放心，我就在馆里走走，不会弄坏什么东西的！"

"好吧。"卡馆长显然拿不出更好的方案，只得勉强妥协，"那你就在馆里逛，千万不要跑到外面去哦？"

"遵命！"得到了爸爸的准许，卡拉塔顿时心花怒放。

入夜，博物馆里静悄悄的。会议室里传来一阵沙沙声，那是卡拉塔在专心致志写作业的声音。

一旦开始做作业，卡拉塔就迅速沉浸到了题海之中，整个人都变得十分专注。玩归玩，学习归学习，这可能就是他成绩优秀的最大秘诀吧。

墙上的壁钟转了一圈又一圈，当卡拉塔终于把最后一道数学题做完的时候，时针已经指向了左下方。

卡拉塔抬头看了看，嚯，已经晚上八点多了呢！他赶紧把摊在桌上的课本和作业本一一收拾好，然后把那支手电筒紧紧地攥（zuàn）在手里，起身跑出会议室，跑向那间挂着"馆长室"门牌的办公室。

"爸爸，我作业都做完了，现在可以去玩了吧？"

"哦，都做完啦？"卡馆长闻声从堆满了资料的办公桌上抬

起头，"有没有仔细检查过啊……"

还没等他问完，卡拉塔已经迫不及待地跑出了馆长室。

"小心一点，不要乱跑……"卡馆长在背后叮嘱道。

夜幕中的博物馆显得格外空旷和寂静，虽然应急照明灯一直在屋顶的角落里坚守着岗位，但那幽暗的灯光透过树丛斑驳地洒落在地面上，投射出一片片奇形怪状的阴影，反倒更让人有一种毛骨悚然的感觉。

卡拉塔紧张得一颗心悬在半空中，他轻手轻脚地沿着长廊穿过大厅，向一楼展厅悄然走去。

吧嗒——，吧嗒——，远处忽然传来一阵重重的脚步声。

卡拉塔远远地看到，一个手提着照明灯巡逻的保安叔叔，正走出展厅，朝着自己这边走来。平时根本注意不到的脚步声，此时却被博物馆里巨大的空间无限放大，一声一声沉闷地回旋在大厅里，显得空洞而又让人心悸。

卡拉塔赶紧屏住呼吸，一动不动地把自己的身体紧贴到墙角的阴影里。他不想让保安叔叔看见自己，这样才够刺激，才好玩呢！

保安叔叔显然没有想到，这个时候的博物馆大厅里，还会潜伏着一个小小的少年。只见他一路对着分散在墙上的仪表盒——

照过去，没有发现什么异常，就一直巡过大厅，向楼上走去。

看到保安叔叔终于消失在了楼梯尽头，卡拉塔这才踮起脚尖，紧跑几步，蹑手蹑脚地潜进了一楼展厅。

昏暗而又空旷的展厅内，那些白天里美丽而生动的湿地复原场景，此刻轮廓都变得十分模糊。沉寂一片的标本墙上，大大小小的动物标本若隐若现地呈现在冰冷的月光之下，仿佛全都睡着了一般。

标本墙边上的是红树林湿地的**复原场景**，在那株盘根错节的大红树下面，就是那个让卡拉塔心驰神往的大树洞了！

复原场景是博物馆展览中一种比较常见的展示形式，通常是按照一定的比例，将现实中的场景惟妙惟肖地复原到博物馆之中，以便于给参观者营造一种身临其境的真实感受。在湿地博物馆中，复原场景是展现各种湿地类型最为直观生动的方式。

在参观湿地场馆的复原场景时，我们不仅要留心辨别湿地的水域地貌特征，更要细致观察复原场景中的动植物标本，从而可以了解湿地生物的多样性。

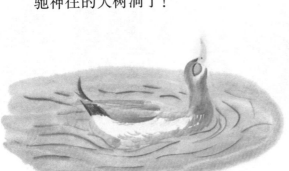

　　他对准那个方向，摁亮了手中
的手电筒。

　　忽然，眼前闪过一道光亮，卡
拉塔定睛一瞧，那亮光就来自红
树林湿地场景边上的标本墙。

　　"咦，那是什么呀？"卡拉塔
自言自语着，举起手电筒，好奇
地向标本墙上那道光亮走去。

　　终于看清楚了，原来是一只小

小的昆虫标本，这只小昆虫长着一对金色的翅膀，在手电光的
照射下，整只标本都笼罩在一片神秘的光晕之中，格外醒目。

卡拉塔仿佛着了魔似的，不由自主地向着那只金光闪闪的昆
虫标本一步一步走去。他看到了标本墙上，每只标本的下方都
竖着一块方方正正的小牌子，毫无疑问，那上面标注着每一件
标本的基本信息。

他想看看清楚，这只漂亮的昆虫究竟叫什么名字？

突然，脚下有东西把卡拉塔狠狠地绊了一下。

仓鼠是一种非常呆萌的小宠物，品种可多了。全世界共有18种仓鼠，主要分布在亚洲，少数分布于欧洲，其中我们中国就有8种。仓鼠的寿命很短，平均只有两三年。但是它们的繁殖能力可是超强的哦，每年可以生2～3胎，每一胎的宝宝有5～12只！

你知道为什么要叫它"仓鼠"吗？因为在这种小鼠的两面腮帮子里，长着一对长长的颊囊，这两只长囊一直从它们的牙齿边延伸到肩部，就像两个隐藏得很好的小仓库，可以用来临时存放食物，所以叫仓鼠就再贴切不过啦。

你能分辨出公仓鼠和母仓鼠吗？其实很简单啦。只要仔细观察它们的屁屁，就很容易区分开来：一般公鼠的屁屁又红又肿、比较肥大；而母鼠的屁屁呢，通常比较小些，是呈倒三角形的。

"哎哟妈呀！"随着一声惊叫，卡拉塔一个趔趄（liè qie）摔倒在了光溜溜的展厅地面上，手电筒也甩出了老远。

卡拉塔撅着屁股，惊魂未定地趴在地上，眯着眼适应了好一会儿，才渐渐看清了眼前的东西：原来是一只毛茸茸、胖乎乎的标本**仓鼠**！他的一双乌溜溜的眼睛又圆又亮，萌萌的样子可爱极了。

"原来是个仓鼠标本，吓死我了！"卡拉塔长舒一口气，伸手将那只小仓鼠捧了起来，"*淘气的小坏蛋！你又不是湿地里的动物，怎么跑到这里来了呢？真是奇了怪了！*"

奇迹就在这瞬间发生：当卡拉塔与小仓鼠对视的一刹那，仓鼠标本居然活了！他眨了眨大眼睛，张开肉嘟嘟的小嘴，脆生生地说道：

　　　　　　　一　淘气的小坏蛋

"嘿！你好，卡拉塔，我来了！"

"救命呀！"卡拉塔惊叫一声，甩手将小仓鼠丢出了老远。他感觉此时自己的心跳，比一百头小鹿乱跳还要来得激烈。

"哎哟，疼死我了！"那个会说话会眨眼的标本仓鼠，居然还在那里边喊疼边抱怨，"谁是鬼呀？你才是鬼呢，胆小鬼一个！"

"你你你，你是什么东西？怎么会说人话！"卡拉塔惊恐地瞪大了双眼，语无伦次地问道。还没等小仓鼠回答，他又纵身一跃，扑过去一把将甩落在边上的手电筒抓回手里，将光束直直射向那只仓鼠，仿佛这样自己就安全了。

"不要大惊小怪的嘛！我只是一只会变身的标本仓鼠而已"小仓鼠揉揉屁股，调皮地眨巴着眼睛，"我叫嘀嘀嗒！平时呢，是不会动的标本。但你只要盯着我的眼睛，喊一声'淘气的小坏蛋'，我就会来到你身边！"

"哦哦。"卡拉塔这才缓过神来，他拍拍自己的脑袋，还是有些难以置信，"变身仓鼠？世界上竟有这么神奇的东西？"

"当然有了，你面前不是活生生地站着一个！"小仓鼠白白眼睛。

"卡拉塔，博物馆晚上黑灯瞎火的，你跑来这里干什么呢？"嘀嘀嗒笑嘻嘻地问，眼神中似乎带着一丝嘲讽。

"我想到那个树洞里去看一看……"对着一只仓鼠说出埋藏在自己心中的秘密，卡拉塔觉得实在有点难堪，脸不禁刷的一下红了。

"算你有眼光！"没想到嘀嘀嗒竟然夸奖起他来，"那里面的世界可有意思了！"

"真的？"卡拉塔心头闪过一阵惊喜。

"是啊，不信我们就进去瞧瞧吧！"嘀嘀嗒小手挥挥，向着红树林里那棵大红树下的大树洞跑去，卡拉塔赶紧一个翻身爬起来，跟了过去。

复原场景中的红树林做得好逼真呀！那茂密的树冠像一片片巨大的华盖，高大而又繁盛；那些盘根错节的树根，好似无数个长长的爪子，深深地扎进水里。在大红树的下面，有一个黑黢（qū）黢的树洞，就像一只怪兽的大嘴巴。

奇怪了！刚才还一片漆黑的树洞深处，这会儿竟微微地散发着木质的暖光。

"那里面到底有什么呀？"卡拉塔好奇地问。

"里面有好多有趣的东西哦。"嘀嘀嗒神秘兮兮地说道，"进去后我们先变身，然后就可以探寻生命的秘密了！"

"变身？"卡拉塔浑身的汗毛霎时竖了起来，"你是说，我和你一起，都要变身？"

"是啊，想变什么都可以，能够拥有不同的生命体验，有意思吧？"

"嗯嗯！"卡拉塔顿时化身为十万个为什么，浑身充满了各种好奇，"那，我们该怎么变身呢？"

"看到这个宝贝没？"嘀嘀嗒举起挂在胸口的一个银色小口哨，"有了它，我们想变什么，想去哪里，都没问题！"

"真的？"卡拉塔将信将疑。

"当然是真的，我用这只口哨帮助很多人探寻过科学奥秘嘞！"嘀嘀嗒骄傲地说，"牛顿叔叔你知道吧？"

"当然！谁不知道大数学家、大天文学家和大物理学家牛顿呀，他发现的万有引力定律和牛顿运动定律，我们都有学到过呢……"

"是呀，可你不知道吧？因为他特别爱吃苹果，所以我才带他穿越到了苹果树下……"

"是你带他到苹果树下的呀？然后嘞？"

"结果一个苹果啪的一声，正好落在牛顿叔叔的大脑门上，于是他就发现了万有引力。"

"好神奇呀！"卡拉塔顿时充满了向往。

二　变身大白虫

树蜂是一种以植物为食的昆虫，身体狭长，呈圆筒形，成虫长度约1.4厘米。树蜂喜欢在晴天飞翔。雌虫数量常多于雄虫。雄虫常去树顶或高地，以待交尾。雌虫腹部黄色，尾端有剑状突起和锥状的产卵器。夏秋季节，雌虫在杨、柳、松等的树干中产卵。虫卵在树干内越冬后，于次年3月孵化成白色的幼虫蛀食树干，并于4月下旬开始在树干边缘的地方化蛹，5月下旬羽化成可以自由飞翔的成虫。

因为蛀食树干，树蜂在人类眼中是一种危害树木的害虫。

"我们言归正传吧，告诉我，你想变成什么？"嘀嘀嗒一本正经地问道。

"是哦，变什么？这个问题挺重要，让我想想，让我想想……"卡拉塔一边挠着头，一边四下张望起来。忽然，他两手一拍，兴奋地说道，"有了！那只长着金色翅膀的昆虫，你看多漂亮啊……"

"哦，那是一只树蜂。"嘀嘀嗒指着昆虫标本边上的标签，"你想变树蜂？"

"嗯，有点想。不过，树蜂都吃些什么呢？"对于吃的问题，卡拉塔最关心了，既然要变身，当然顺带着也要尝尝各种美食呀。

所以在变身之前，这个问题一定要先问问清楚。

"吃树干呀。"嘀嘀嗒轻描淡写地回答。

"什么？干巴巴的树干也能吃？"卡拉塔惊讶地问道。

"这你就不知道了吧？树干里面又香又甜，可好吃了！"

"真的吗？不骗人？"

"骗你干吗？"嘀嘀嗒一脸不屑。

"好吧，那就变树蜂，去尝尝看吧！"

"没问题，我们走！"嘀嘀嗒说着，转身跑进了树洞。

"等等我呀——"卡拉塔见嘀嘀嗒进了树洞，心里一着急，噗的一下又趴到地上，手脚并用爬向树洞，紧跟着钻了进去。

他们向着树洞深处，那散发着暖暖的木质光亮的地方爬去。爬呀，爬呀，爬了好长一段路。忽然，嘀嘀嗒停住了脚步。

"到了？"卡拉塔有些失望。这里不过就是个很平常的树洞嘛，根本没什么特别的地方。

"瞧你心急的！"嘀嘀嗒撇（piě）撇嘴，"这还刚刚开始呢，准备好了哦，我们要变身了！"

听说要变身，卡拉塔浑身的鸡皮疙瘩（gē da）顿时又蹦了出来，他下意识地握紧双拳，闭上眼睛，心脏早已跳得跟擂鼓一般巨响。

"别紧张，放松——放松——"嘀嘀嗒说着，拿起挂在胸口

的那只银色口哨，放到嘴边鼓起腮帮子用力一吹。

"咻——咻——"，随着一阵奇怪的声音，他俩迅速变小、变小……

在卡拉塔的想象中，变身应该是一个非常奇妙而又复杂的过程，肯定会有一些痛苦吧。听奶奶说起她小时候常听大人讲的一个叫作《追鱼》的故事，里面的鲤鱼精为了变身成人类，是要刮去身上所有鱼鳞的，那该有多遭罪呀！不过这回卡拉塔是从人变为树蜂，也没什么鱼鳞可刮的，应该不会那么痛苦吧？再说了，为了体验奇妙的变身之旅，就算有点痛苦又算啥呢？卡拉塔觉得自己是个勇敢的男孩子，完全能挺得住。

"好啦，睁开眼吧。"卡拉塔还在胡思乱想呢，忽听到嘀嘀嗒的声音在耳边轻声响起。

这么快？就这么简单？居然一点感觉都没有，就已经变身成功了？卡拉塔满怀喜悦地张开眼睛，心情却一下子跌入了谷底。

眼前的小仓鼠嘀嘀嗒已经不见了踪影，但是他并没有看到长着金色翅膀的漂亮树蜂，在他面前的，只有一只白白胖胖的小肥虫！

一阵失望掠过心头，卡拉塔心有不甘地想伸出双手，摸摸自己的身体，却万分沮丧地发现，除了一个光溜溜的身体之外，昆虫的一生，从虫卵到成虫，一般都要经过一系列的外部形态和内部器官的变化，这种变化叫作变态。常见的有不完全变态和完全变态两类。

比如螳螂的一生，要经过卵、若虫、成虫等形态，这就是不完全变态的昆虫；又如蝴蝶的一生，要经过卵、幼虫、蛹、成虫，这就是完全变态的昆虫。

完全变态类的昆虫由若虫或蛹，经过蜕皮，变化为形态构造完全不同的成虫的过程，就叫羽化。羽化前后的昆虫，身体组织将经过十分复杂的变化。

自己的双手和双脚都缩短到几乎没有了！

"啊，你怎么把我变成虫子了？我不要做虫子，我要金色的翅膀！"卡拉塔皱起眉头，生气地扭动着身体。

"别急，别急，现在我们还是树蜂的幼虫，等过阵子**羽化**了，就会有翅膀，有手脚了。"嘀嘀嗒耐心地安慰道。

听嘀嘀嗒这么一说，卡拉塔这才想起来：树蜂和蝴蝶一样，都要经过幼虫和成虫两种不同的形态，刚刚从卵里孵化出来的时候，确实都是一条丑丑的小虫子，只有在作茧（jiǎn）成蛹（yǒng）之后，才能蜕皮羽化为漂亮的成虫。

"我们上路吧！"见卡拉塔终于安静下来，嘀嘀嗒扭身开始向前蠕动起来。

　　　　　　　　二　变身大白虫

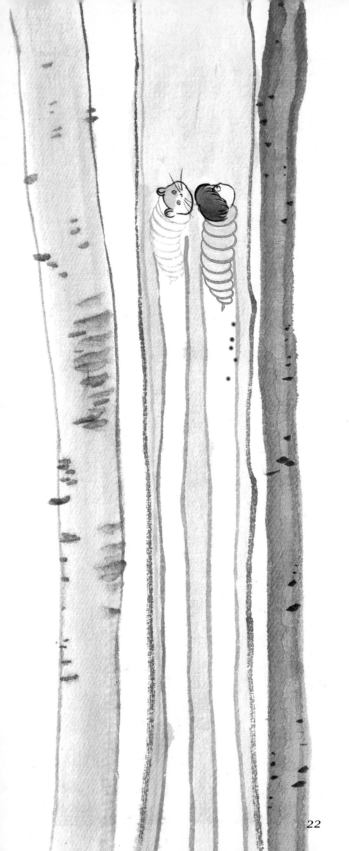

两条虫子一左一右、一前一后，向着前方的光亮处不停地爬啊爬，很快就爬进了一个通往上方的圆形通道。

卡拉塔下意识地停下来，四下里看了看。这个通道内挺宽敞的，到处都是白色的半透明物体，一层一层就像垒草垛似的，叠得密密麻麻的；很多透明的液体，像河流般沿着白色草垛的缝隙，缓缓地向上流去；液体中，不时有一个个晶莹的气泡冒出来，啪，啪，啪，爆破了，散发出一股股好闻的木质香味。

"这里好宽敞、好亮堂啊！"卡拉塔的心情逐树干是大树的躯干，是树木的重要组成部分，树干具有木质特性，通常可以分为五层。

第一层是树皮，也就是树干的表皮层，可以起到保护树身、防止病害入侵的作用；第二层叫韧皮部，这是一层纤维质组织，主要负责把糖分从树叶运送下来；第三层是形成层，这是树干的生长部分，虽然只有很薄的一层，但作用很大，树木的所有其他组织细胞，都是从这一层而来的；第四层是边材，其作用是负责把水分从根部输送到树身的各个部位；最后一层就是心材，它是由边材老化之后形成的，边材和心材合称为木质部。

虽然我们没办法像树蜂的幼虫那样钻到树干的内部去观察其结构，但如果我们用锯子将一段树木横截开来，同样可以观察到树干内部的每一层构造。

渐明朗起来，话也多了起来。

"嘀嘀嗒，这是什么地方呀？挺好玩的嘛……"

"嘀嘀嗒，这一层层白白的东西是什么啊？闻上去怪香的……"

"嘀嘀嗒，我们还要走多久啊？是不是快到啦……"

"继续前进，不要停下来！"嘀嘀嗒尖细的声音在耳畔响起，"至于这里是什么地方，只要动动你聪明的小脑瓜就应该知道了，这里就是大红树的树干呀，我们要穿过树干，钻到树顶，然后在树皮的边缘化蛹，等待羽化。所以现在，你不要再啰唆了，集中精力赶路！"

"哦，是这样啊。"听嘀嘀嗒这么一说，卡拉塔赶紧闭上嘴，用尽全力向上前行。

他们继续爬呀，爬呀，不知爬了多久，卡拉塔感觉累得快不行了。

“嘀嘀嗒，我们歇一下吧？我的肚子饿得咕咕叫了，嗓子也快冒烟了！”

“好吧，那我们就先停下来吃点东西，再继续上路。”

“可是，到哪里去弄吃的东西呢？”卡拉塔望望四周白茫茫的一片，快哭出来了。

“你傻呀！我们身边这些树干、树汁，不都是可以吃可以喝的吗？！”

“啊？难怪这些东西这么香呢，原来都可以吃呀！你这个坏蛋，怎么不早点说！”卡拉塔瞬间破涕为笑，他兴奋地喊叫着，张口咬下了面前的一块白色物体。果然，这木香四溢的东西口感脆脆的、甜甜的，味道有点像地瓜，又有点像甘蔗，可好吃了。

“好香的树干呀，饿死我了，赶紧填饱肚子再说！”卡拉塔顿时心情大好。

一道透明的液体正好从他眼前汩汩地流过，卡拉塔噘起嘴尝试着吸了一口，那汁液立即涌进了卡拉塔的嘴里。

好清凉又好奇怪的味道呀！有点甜，又有点咸，还带着丝丝儿的涩（sè）味，立马将卡拉塔的喉咙滋润得甘爽无比啦！

卡拉塔放开肚子大吃特嚼起来，不一会儿，小肚子就吃得圆鼓鼓的了。

"别贪吃啦，我们继续赶路吧！"嘀嘀嗒的声音又催命鬼似的响了起来。

"欧啦欧啦！"卡拉塔心满意足地咂咂嘴，伸了个懒腰，跟着嘀嘀嗒又上路了。

一路上，有了这些随处都是的白色纤维和透明树汁，卡拉塔再也不会饥渴啦。累了，就停下来，吃点喝点，然后继续赶路。

两条勤奋赶路的小白虫，一边快乐地啃吃着木纤维，一边在大红树的树干里不断前行。在他们的身后，留下了两条长长的孔道。

"加油！我们就快到目的地了！"嘀嘀嗒在前面不断地给卡拉塔打气鼓劲。终于，他们快钻到树顶啦。

"哦哦，让我再歇一歇吧，吃点东西，吃点东西，我又很饿很饿了。"卡拉塔却停下脚步，一口接一口地喘着粗气。

"那行吧，你再吃点，然后我们一鼓作气冲上去！"

"好的好的。"话音未落，卡拉塔又狼吞虎咽地吃开了。

不知吃了多久，卡拉塔忽然轻声地哼唧起来："啊哟，啊哟——"

"怎么啦？卡拉塔，吃饱了没？你怎么还不走？"嘀嘀嗒回过头问道。

二 变身大白虫

"我，我肚子胀得难受！"卡拉塔有些不好意思。

"肚子胀？哈哈哈！"嘀嘀嗒顿时笑得前仰后合，"谁让你这么贪吃的？肚子撑爆了吧！"

"你还笑！我都动不了了，一动肚子就疼。"卡拉塔不高兴地噘起了嘴。

"没事的没事的，那我们再歇会儿吧。过会儿你把吃下去的东西消化了，拉出便便就好啦！"

咦，还真神了！就像嘀嘀嗒说的一样，只过了一小会儿，卡拉塔的肚子果然就咕噜咕噜叫了起来。他赶紧摆好架势，使劲地努啊努，才没努几下，便一颗接着一颗，拉出了好大一堆便便。

"好臭，好臭！"嘀嘀嗒故意做出一副嫌弃的样子，大声地催促道，"这下肚子不痛了吧？那我们赶紧走吧。"

"唔——好轻松哦，想睡觉了。"谁知拉完便便的卡拉塔，竟长长地伸了个懒腰，然后心满意足地闭上了眼睛。

"喂！喂！先别睡，还有一点点路了，我们得抓紧赶到树顶，然后吐丝作茧，为羽化做好准备！"嘀嘀嗒焦急地喊道，"如果你就这样睡着，那就醒不过来了！"

什么？这样睡着了就会醒不过来的？那太可怕了！我可不要睡死在这树干里！卡拉塔浑身一激灵，瞌（kē）睡虫顿时跑到爪哇国去了。

三 屁屁一阵刺痛

卡拉塔紧跟在嘀嘀嗒后面，拼命地往上爬去，生怕一转眼自己掉了队。

"到啦！"嘀嘀嗒忽然停下脚步，转过身子往边上探了探，然后向身后的卡拉塔招呼道，"已经到树顶了，别再往上爬了。"

"那现在——，呼呼，我们——呼呼，该干什么呢？呼呼！"卡拉塔呼哧呼哧喘着，上气不接下气地问。

"现在我们要改变方向，往树干的边缘打洞了。"嘀嘀嗒说着，掉头向侧方啃咬过去。

卡拉塔见状，也马上调转了前进的方向。他一边学着嘀嘀嗒的样子，奋力往树干边缘钻去，一边兴奋地问道："我们是从这里把树干咬开吗？这就要钻出去了吗？"

"不！先不要钻出去！"嘀嘀嗒制止道，"等咬到树皮就停下来，把树皮留着。我们先在里面作茧化蛹，等到羽化为成虫之后，再咬破树皮钻出去。"

说罢，嘀嘀嗒好像喝醉了酒一般，突然开始摇头晃脑起来。一条银白色的丝线，刹那间从他的嘴里吐了出来。这条丝线又细又长，不断地从嘀嘀嗒的嘴里冒出来、冒出来，仿佛没有尽头。而嘀嘀嗒就在摇头晃脑间，不断地把这根丝线缠到自己的身上。

原来这就是吐丝作茧呀，真是太神奇了！卡拉塔呆立在一旁，简直看傻了。

忽然，屁屁上一阵刺痛，疼得卡拉塔刺棱一下回过神来。

"嘀嘀嗒，你干吗呀！"卡拉塔不满地喊道。

"我在作茧呀，怎么了？"嘀嘀嗒催促道，"快跟着我做呀！"

"那你刚才干吗扎我呀？屁屁好痛！"

"我没有扎你呀！"嘀嘀嗒似乎有点烦躁起来，"你看我正忙着作茧呢，都快把自己给包裹起来了，哪有空去逗你玩！"

"是哦！"卡拉塔顿时一头雾水，"这就奇怪了，刚才我明明感觉有人用什么东西扎了我一下。可是这里除了你和我，也没有别人呀？！"

"别神神叨叨了，快点吐丝作茧吧！"嘀嘀嗒有些含混地说着，他的口中继续不断地往外冒着丝线。

"哎哟，哎哟！"卡拉塔忽然难受地全身扭动起来，"胸口好闷，胸口好闷！怎么身体也开始发麻了？太难过了！"

"你又怎么了？！"嘀嘀嗒赶紧停下了口中的丝线，他发现卡拉塔不像是在故弄玄虚，不禁焦急起来，"卡拉塔你没事吧？"

"闷死我了，闷死我了，我要出去透透气！"卡拉塔嘶喊着，好像着了魔一般，拼命往树干边缘钻去。

"危险！卡拉塔！我们还没羽化呢，这会儿不能钻出去！"嘀嘀嗒大声制止。

可是卡拉塔就像一台脱轨的小火车，轰隆隆地向着树干边缘冲刺而去。哗啦一声，他用力一顶，脑袋瞬间冲破了树皮，一头钻出了大红树的树干。

眼前是一片光明的世界，明晃晃的阳光照得卡拉塔睁不开双眼，他下意识地闭了闭眼睛，只觉得凉凉的清风一阵阵地吹过耳畔。

"哇，外面的空气好新鲜呀，真舒服！"卡拉塔闭着眼贪婪地做起了深呼吸，只做了几下，胸口霎时就不憋闷了，身上的麻木感也渐渐消退了。

"好点了吗，卡拉塔？"嘀嘀嗒在身后喊着，"快回到里面来，外面太危险！"

"没事的，外面好舒服呀，一点也不危险的。"卡拉塔又深深地吸了两口气，然后慢慢地睁开了眼睛。他要在钻回树干之前，先看一眼外面的景色。

这里的景色一定很美！尽管羽化之后还可以出来，但这一

三 屁屁一阵刺痛

刻，卡拉塔也不想错过。

可是一睁眼，卡拉塔却看到了这样一幅触目惊心的场面：视线的正前方，一株枯树孤零零地伫立在水中，树上密密麻麻地爬满了披着甲壳的小虫子，整个树干早已被这些又黑又丑的虫子咬得千疮百孔，让人看了浑身顿起鸡皮疙瘩。

"咦，那是什么呀，好恶心！"卡拉塔失声叫了起来，身体立马缩回了树干里。

这时候，嘀嘀嗒也缓缓地钻到了树干边缘。由于身上已经缠上了一部分丝线，他的动作变得有些笨拙。听到卡拉塔的一声惊叫，他的身体情不自禁地缩了一缩，然后又慢慢舒展开来。

"不要大惊小怪的！"嘀嘀嗒责怪道，"红树林里各种稀奇古怪的东西可多了，你这样大呼小叫，会给人感觉很没教养、很没礼貌的！"

"可是，可是，这些东西实在太恶心了，不信你自己看！"卡拉塔缩着身躯，有些不服气地说道。

"到底是些什么呀？看把你吓得。"嘀嘀嗒的好奇心也上来了，他沿着卡拉塔冲开的那个孔道，小心翼翼地探出了胖胖的脑袋。

在看到那些虫子的一刹那，见多识广的嘀嘀嗒也忍不住抽搐了一下。不过他还是很快稳住了自己的情绪，然后提高嗓音，用非常礼貌的口吻，对着那些虫子喊道："对不起，刚才我的朋友有些失礼了。请问，你们是谁呀？"

听到嘀嘀嗒的问候声，那些繁忙的虫子眨眼间都钻进密密麻麻的孔洞中躲了起来，刚才还十分热闹的枯树枝上瞬间变得异常安静。

"对不起，打扰你们了！"看到这些虫子受到了惊吓，嘀嘀嗒心里怪过意不去的。

也许是嘀嘀嗒的致歉听上去挺有诚意的吧？一只圆头圆脑的虫子终于从树孔里探了出来，随后，又有一只甲壳闪闪发亮的虫子也从他身边的另一个树孔中钻了出来。

Ga...
Ga....

"我们 —— 我们是团水虱(shī)。"那圆头圆脑的虫子羞答答地站了起来，"我是圆圆。"

说着，他又转身指着身边那只甲壳发亮的虫子，结结巴巴地介绍道，"他——他叫亮亮，是我们当中最——最帅的帅哥……"

哟，还是最帅的帅哥哩！嘀嘀嗒听了团水虱圆圆的介绍，忍不住扑哧一声笑了。

"还有我，还有我，我叫嘟嘟！"又一只肥嘟嘟的虫子不知什么时候也钻了出来，正在摇头晃脑地喊着。

卡拉塔听到嘀嘀嗒在跟那些虫子对话，忍不住又咬破树皮钻了出来。可是，眼前这些丑陋的虫子实在让他喜欢不起来。

"呀！你们真是些贪吃鬼，看把树干都蛀空了！"卡拉塔满脸

团水虱是一种蛀食树木的节肢动物，体长约1厘米，身上披有甲壳。它们的分布范围很广，淡水、半咸水、潮间带及深达1800米的深海都有分布，在枯木内、泥沙里、礁石下、海藻丛中以及海绵动物的孔隙中均可生活。

团水虱的天敌是蟹类，在污染严重、富营养化的湿地区域，蟹类的生存遭受严重影响，团水虱则会大量繁殖，从而使红树林大面积受到侵害。在广西北海廉州湾、海南东寨港等地的红树林，都曾爆发过团水虱造成红树林成片枯死的事件。

团水虱有个很好玩的习性，就是雌虫在产卵时，会将卵包在自己胸部的育卵囊中进行孵化，每次可以包5～20个卵。如此看来，雌团水虱也算是非常尽职的妈妈了。

鄙夷的表情。

"卡拉塔，别说了，快进去！"嘀嘀嗒赶忙阻止，可是团水虱们显然已经生气了。

"你才是贪吃鬼呢！"亮亮板着脸，冷笑起来，"你们不也是吃树干的虫子？还好意思笑话我们呢，彼此彼此，半斤八两！"

"就是嘛！就是嘛！"嘟嘟在一旁帮着腔，还冲着卡拉塔扭起了屁股。

"咦，恶心死了！"卡拉塔赶紧缩回了头。

"嘀嘀嗒，快想想办法吧，我不要跟那些恶心鬼做邻居！"回到树干里，卡拉塔还是觉得浑身痒痒的。

"没事没事，等我们羽化了，就可以飞走了。"嘀嘀嗒安慰道。

"那我们什么时候才能羽化呀？整天躲在这里吃树干，我都待腻了。"卡拉塔有些不耐烦。

"所以嘛，我们要抓紧时间吐丝作茧啊！"嘀嘀嗒倒是挺沉得住气，"等作好茧之后，我们就躺在里面呼呼大睡几天，醒过来就可以羽化啦！"

"那我们还愣着干什么？赶紧行动吧！"卡拉塔摩拳擦掌，情绪高涨。

"还说呢，要不是你刚才节外生枝，擅自钻到树干外面去，

　　　三　屁屁一阵刺痛

我可能都快作完茧了！"嘀嘀嗒埋怨了几句，便又开始摇头晃脑地吐起丝来，一股股银色的丝线很快就将他包裹起来。

看到嘀嘀嗒这副如痴如醉的模样，卡拉塔也不知不觉陶醉其间了。

"卡拉塔，别愣着呀，快跟着我做，开始吐丝作茧！"

听到嘀嘀嗒含混不清的喊声，卡拉塔这才猛醒过来。他赶紧学着嘀嘀嗒的样子，张开嘴巴，摇头晃脑起来。不过在他的心里面，却是对自己能否吐出丝来充满了怀疑的。

忽然，卡拉塔觉得喉头一痒，一股热气从胃里翻涌上来。这股热气顺着喉管喷涌而出，刹那间，一条亮闪闪的银丝果真从嘴里冒了出来！

那银丝软软的、黏黏的，一吐出来就紧紧地粘到了身上。

哦也！我能吐丝了！我真的能吐丝了！卡拉塔心头一阵狂喜，于是更加卖力地摇晃起了脑袋。那段美妙的长丝，就像一股清澈的泉水，源源不断地从卡拉塔的身体里涌了出来。

"快用丝线把自己包裹起来，记住，包得越严越好！"这时候的嘀嘀嗒，已经彻底隐匿在了一个椭圆形的银色丝球之中，他的声音呼噜呼噜的，变得十分模糊。

"嗯，嗯，知道啦！"卡拉塔继续学着嘀嘀嗒的样子，不断地吐丝作茧。随着丝线的不断涌出，他感觉身体就像被掏空了一般，变得越来越虚弱绵软。

卡拉塔耗尽了最后的一点力气，用自己吐出来的丝线，终于把自己的身体从头到尾包了个严严实实。这时候，他的意识渐渐模糊起来。

好累呀——，卡拉塔心中长叹一声，终于被困乏彻底淹没，沉沉地进入了梦乡。

三　屁屁一阵刺痛

四 酷炫红树林

　　到底沉睡了多久，卡拉塔自己也不清楚。反正就是一直在梦中，反反复复地跑啊跑啊，喊啊喊啊，但是具体的梦境，又完全没有印象，只是觉得灵魂好像飞出了体外，浑身非常非常的疲乏。

　　终于，卡拉塔迷迷糊糊地听到一个声音在高喊："卡拉塔，快醒醒，我们完成羽化啦！"

　　是嘀嘀嗒的声音！卡拉塔猛然清醒过来，他努力地睁开眼睛，发现自己还躺在树干里面。

　　不远处的树孔里，一只似曾相识的昆虫正在向卡拉塔不停地招手。这只昆虫有一个阔大的脑袋瓜子，头顶长着一对短短的触须，再配上一副圆溜溜的大眼睛，样子还挺呆萌的呢。他的身体是狭长的圆筒形的，散发着暗黑的金属色泽，活像是一段炫目的钢笔管子，还挺好看的。不过最让卡拉塔兴奋的，是他背上的一对翅膀，虽然还没有舒展开来，但是却金光闪闪，非常耀眼。

　　金色的翅膀！卡拉塔忽然反应过来：原来这就是树蜂呀！在

博物馆的标本墙上见过的，难怪这么眼熟呢。没想到，活体的树蜂，要比标本墙上的漂亮多了。

"卡拉塔，我们已经羽化成虫啦，快咬破茧壳爬出来，准备飞出去喽！"见卡拉塔终于睁开了双眼，那只树蜂又再次高喊起来。

"你，你是嘀嘀嗒吗？"卡拉塔简直不敢相信自己的眼睛。

"嗨，真是多此一问！这里除了你和我，还有别人吗？"嘀嘀嗒得意地扬扬脖子，开始快速地向着之前啃咬出来的那个树孔爬了出去，"走喽！各就各位，预备，起飞！"

"等等我！等等我！"看到嘀嘀嗒钻出树干，卡拉塔可着急了。他心急火燎地钻出茧壳，忽然发现浑身已经蓄满了力气，之前的疲惫感早已消失到了九霄云外。

他低头看了看身体，哈哈，自己再也不是那条白白胖胖的丑肥虫啦，而是跟嘀嘀嗒一样，是一只有着一对酷炫翅膀的真正的树蜂了。

卡拉塔忍不住手舞足蹈起来，咦，居然有六条腿了呢！这些腿虽然又细又长，但却十分灵活，卡拉塔用力一蹬，身体就像装上了发动机，噌的一下，瞬间就弹了起来。

羽化成功！满血复活！卡拉塔铆足劲儿挥起足肢，奋力向外

四 酷炫红树林

冲刺，他要尽快赶上嘀嘀嗒！

可是，卡拉塔冲得实在太急了，当他的身体哗的一下冲出大红树，一股巨大的惯性就没着没落地把他送到了半空中！

哇呀——，卡拉塔失声惊叫起来，心脏瞬间被拎到了嗓子眼上。他下意识地用力耸肩，想把翅膀抖开来，却没想到只打开了一扇翅膀，而另一扇则黏黏地贴在后背上，并没有打开，失去了平衡的身体顿时急速下坠。

怎么办？怎么办？！慌乱间，卡拉塔忽然瞥（piē）到脚下不远处，有一颗巨大的果子悬在树上，那果子又粗又长，像一根大棒槌似的。他来不及多想，迅速张开了所有的足肢，当他的身体刚好坠落到靠近果子的时候，哗啦一下就紧紧地把那颗果子抱在了怀里。

一阵眩（xuàn）晕过后，卡拉塔紧张的神经这才稍许放松下来。他抬头四下望望，头顶上满是一片片硕大的叶子，这些叶片碧绿碧绿的，每一片都有遮阳伞那么大！

红树林里的树叶怎么这么大啊？这个疑问刚刚在卡拉塔心里升腾起来，马上就像气泡一样啪的一声爆破了。哦哦，现在我已经变成小小的树蜂啦，看什么当然都觉得大了！

阳光透过密密的树叶洒下来，洒落在卡拉塔的背上，暖暖的，柔柔的，好像有一只温暖的大手在轻轻地抚摸着，舒服极了。卡拉塔忍不住耸了耸肩，甩了甩背上的翅膀。

谁知这么一抖动，他怀里抱着的这颗大果子突然就从枝头上掉落下来，急速地往下坠落！

糟糕！刚刚平静下来的卡拉塔，心儿又被倏地揪了起来！他下意识地蹬开足肢，张开了双臂，仿佛想在空中抓住一点可以依靠的东西。

非常遗憾的是，周围除了空气，什么也没有！

卡拉塔紧张得闭紧了双眼。就在万分绝望之际，他忽然发现自己轻盈地飘浮了起来。

那颗巨大的果子扑通一声，在他的身后重重地砸入了水中，溅起了一朵大大的浪花。

好险哪！卡拉塔睁开双眼，这才发现背上的一对翅膀已经完全张开啦！那翅膀又薄又透，轻盈飘逸，简直帅呆了！

"哇！哇！我可以飞啦！我可以飞啦！"卡拉塔开心得大声呼喊起来，他扑闪着金色的翅膀，在大树下摇摇晃晃地飞来飞去。

不一会儿，他就飞得很娴熟了。

"卡拉塔，你真棒！"嘀嘀嗒不知从哪里飞了过来，围着卡拉塔上上下下地绕圈子。

"嘿嘿，跟我炫技呀？看我的！"卡拉塔挥动着翅膀，一个

四　酷炫红树林

漂亮的360度前空翻，然后就心情愉快地贴着水面，姿态潇洒地飞翔起来。

听到卡拉塔与嘀嘀嗒的对话，整个红树林都好奇地睁大了眼睛，默默地注视着这两个初来乍到的小家伙。

空气中到处都充满了神秘而又快乐的气息。

红树林里好美呀：满树的绿叶鲜亮鲜亮的，就像涂上了一层厚厚的蜜蜡；树上挂满了一串串长长的果实，远远望去宛如挂满了豆荚；奇形怪状的树根，恰似老爷爷下巴上又浓又长的胡须，密密麻麻地插在碧绿的海水中央；几只雪白的海鸥，挪着胖胖的身躯，正在水面上悠闲地寻找着食物；树根下的草丛里，姹（chà）紫嫣（yān）红的鲜花开得热火朝天；明媚的阳光透过茂密的树叶，洒在红树林下的水面上，泛起一层淡淡的薄雾，在水面上飘来荡去；若隐若现的雾气中，高高低低地生长着一大片尖尖竹笋一般的东西。

"好大的一片竹笋呀，这下可有口福了！"卡拉塔赞叹着，脑子里瞬间浮现出老妈烹制的油焖（mèn）春笋，口水都快淌出来了。

卡拉塔向着那片从水中冒出来的竹笋快速地飞了过去。

真没想到，从空中俯瞰（kàn）下去，景色会如此壮观！碧绿的海水像一张无垠的地毯，平静地铺在下面，那些星星点点的笋尖，就像一粒粒圆润的珍珠，洒满了地毯。但此时的卡拉塔，一心惦记的却是竹笋鲜嫩的味道！

"嘎嘎嘎，真无知！"身后突然传来一阵熟悉的笑声，卡拉塔回头一看，原来是团水虱亮亮，在不远处的那段枯树枝上嘲笑自己呢！

"那不是竹——竹笋，那是红——红树林的树根。"亮亮身旁的圆圆见卡拉塔回头，赶紧嫩声嫩气地解释起来。

"骗人！树根不都是往泥土里长的吗？哪有从水里往空中长的！"卡拉塔撇着嘴，指指树林下那些爪子一般密密麻麻的树根说，"看见了吗？那些才是红树林的树根吧！"

"我没骗你，是真——真的！"见卡拉塔根本不信自己的话，圆圆有些急了，他涨红着脸蛋，结结巴巴地说道，"红——红树林是有两——两种根的，你说的那——那些是它们的支——支柱根，这些是红——红树林的呼——呼吸根，专——专门用来呼吸的！"

"真的吗？"卡拉塔见团水虱虽然结结巴巴，却说得头头是道，有些将信将疑起来，他飞到嘀嘀嗒身边，轻声地问道，"他说的是真的吗？"

"他说的没错，是真的。"嘀嘀嗒见卡拉塔一脸认真，就忍不住向他科普起来，"因为红树林生长在陆地与海洋交界的滩涂或浅滩，所以它们的根系特别发达。为了能适应海水中的生长环境，红树林进化出了两种很特别的根系，就是支柱根和呼吸根。"

"为什么在海水中生长，就得进化出两种根系呢？这两种树根到底有啥不一样啊？"卡拉塔瞬间又启动了十万个为什么模式。

"这些密集而发达的支柱根，可是红树林最引人注目的特征哦！你看，这些支柱根是从树干的基部长出来的，它们牢牢扎入淤（yū）泥中，形成了稳固的支架，使红树林可以在海浪的冲击下屹立不动。这些支柱根不仅支撑着植物本身，还保护了海岸免受风浪的侵蚀，因此红树林又被称为'海岸卫士'。"嘀嘀嗒不愧是会变身的神鼠，果然学识渊博，而且说起来一套一套的，让卡拉塔不得不佩服。

"那有了支柱根还不够吗？干吗还要长呼吸根呢？大树又不是小动物，难道也要呼吸吗？"卡拉塔的好奇心全面爆发。

"当然要呼吸了！红树林经常处在被潮水淹没的状态，空气非常缺乏，因此就得靠呼吸根来吸收空气。"嘀嘀嗒带着卡拉塔飞落到了一株"竹笋"上面，指着"竹笋"粗糙的表面，详细解释起来，"你看，这些呼吸根的外表有着粗大的皮孔，里面呢，还有海绵状的通气组织，这些都可以帮助红树林植物吸收空气。"

"好吧，既然是树根，那就没法吃了！"卡拉塔嘟囔着，悻

悻地离开了那片"笋林"。铁的真相摆在面前，他不得不放弃这到嘴边的"美食"。

可是肚子已经叽叽咕咕抗议开啦。也是哦，在虫茧里昏昏沉沉睡了那么久，醒来羽化之后又飞来飞去飞了老半天，还一点能量都没有补充过呢。这可怎么行哟！

"吃什么好呢？吃什么好呢？"卡拉塔口中念念有词地东张西望起来。

红树林的枝头，结满了长长的果子，就像一个一个粗壮的木棒挂在树上，可诱人了。

嘿！那不是刚才救了卡拉塔一命的那种果实吗？之前他抱着一颗大果子，光顾着逃生了，怎么就没想过可以拿它来饱腹充饥呢？

"那，这些果子总可以吃了吧？"饿得眼冒金星的卡拉塔不顾一切地张开嘴巴，向着最近的一颗果实扑了过去。

就在卡拉塔的小嘴刚刚撞上果子的一刹那，忽然一阵风吹来，果子噗的一下，又从枝头掉了下去。

卡拉塔眼巴巴地看着那颗果子一直往下掉，往下掉，最后啪的一下落在了一块淤泥上。

奇迹就在这个时候发生了：这颗掉下去的果实，竟然笔直地插入泥中扎下根来，一片粉嫩嫩的小叶子蓦然舒展开来，瞬间长

成了一株小小的树苗！

"哇！这果子怎么一下子就变成小树苗了呢？太奇妙了！"卡拉塔惊奇得肚饥都忘了。

"有意思吧？"嘀嘀嗒却一副见怪不怪的样子，"因为红树林有很多胎生树啊，红树林里最奇妙的就是胎生现象了。"

"胎生现象？这不是哺乳动物才有的吗？怎么植物也会胎生？！"卡拉塔眼睛睁得溜圆。

"很多红树林植物的种子，还没有离开母体的时候，就已经在树上的果实中开始萌发，长成棒状的胚轴，成为一株小苗后，才脱离母树，掉落到海滩的淤泥中，并且很快就能在淤泥中扎根生长，成为新的植株。你说，这跟动物的胎生现象不正是一个道理吗？"

"哦，还真是的！太酷太炫啦！"恍然大悟的卡拉塔，不禁夸张地为红树林点起赞来。

五　姬蜂姐姐美美哒

　　卡拉塔和嘀嘀嗒正在热烈地讨论着红树林的胎生现象，忽然，一阵嘤嘤嗡嗡的声音从树林里传来，一只非常美丽的昆虫，像仙女般地从树林那边缓缓飞了过来。

　　这只昆虫长着一对透明的大翅膀，虽然没有树蜂那样炫目的金色，但却如轻纱一般朦胧和浪漫；头上的一对辫子又细又长，恰似在空中划出了两道弯弯的细眉；腰肢婀娜而修长，仿佛手可盈握；最最亮眼的，是那拖在尾巴上的长长彩带，给人一副极其轻盈优雅的感觉。

　　"这位姐姐是谁啊？长得真好看呀！"卡拉塔就像被谁施了定身术似的，目不转睛地呆在那里。

　　"你们好，我是姬蜂如梦。"那声音，也是好温柔好清脆呀。

　　"如梦姐姐，你好！"听到这美妙的声音，卡拉塔一下子又活跃起来，他抢着介绍道，"我是卡拉塔，他叫嘀嘀嗒，是我的好朋友！"

　　"嘁！又是个重色轻友的家伙，看到我们一副死样怪气，看到美女就大献殷勤了！"亮亮的声音又在不远处不合时宜地响

49

姬蜂是一种体态修长而优美的昆虫，它们的体色大多为黄褐色，雌蜂的尾巴后面拖有漂亮的长带，那其实是一条产卵器和产卵器两旁的鞘。

姬蜂在全世界的分布范围很广，品种也特别多，大约有40000种。

虽然姬蜂的外表看起来温柔善良，但它其实是许多昆虫的致命天敌，其幼虫需依靠寄生在这些昆虫体上成长。

姬蜂的猎物除了树蜂，还有毛虫、甲虫、蜘蛛等，这些大多数是人类眼中的害虫，所以对于人类来说，姬蜂是一种益虫。

了起来。

"嘿嘿，没办法呀，谁叫你们长得又黑又丑呢？这是个颜控的时代呀！"卡拉塔回身冲着那段枯树枝伸出舌头做了个鬼脸。

"不许你瞎说！我们亮亮才不丑呢，他是我们当中最帅的帅哥！"嘟嘟在枝头跳着脚抗议，一副义愤填膺（yīng）的样子。

"好了好了，卡拉塔，别闹了！"嘀嘀嗒望了姬蜂如梦一眼，示意卡拉塔赶紧住嘴。

如梦却是一副毫不在意的样子，她拍打着薄薄的翅膀，热情地招呼道："卡拉塔，嘀嘀嗒，你们好！"

"如梦姐姐，您的彩带真好看，就像七仙女身上的飘带一样！"嘀嘀嗒一心想把大家的注意力引开，于是没话找话地对着如梦夸赞起来。

"是吗？谢谢！"如梦开心地笑了起来，她举起纤细的小手，指了指嘀嘀嗒的脖子，笑眯眯地说，"你的银口哨也很别致啊，又小巧，又漂亮！"

"如梦姐姐，如梦姐姐，这里为什么叫红树林呢？你看这些树明明都是绿色的啊，一棵红颜色的树也没有呀？"看到漂亮的姐姐，卡拉塔的嘴就歇不下来了。本来他的问题就特别多，现在遇上了这么一位和蔼可亲的美女姐姐，就更不会放弃虚心求教的机会啦。

"红树林虽然外表不是红色的，但它们体内有一种叫作'单宁酸'的东西，这种东西遇到空气就会氧化，变成红色，所以才叫红树林啊。"如梦倒是非常耐心地解释道。

"红树林里都是同一种树吗？"

"当然不是啦，红树林里树的品种可多了。"如梦轻盈地扇扇翅膀，指了指刚才被卡拉塔误认作竹笋的那片树林说，"你看，木榄是我国红树林的主要树种之一，是十分典型的胎生植物和膝状根植物。人们通常把红树林中的植物族群划分为七个大类，其中有一大类就叫作木榄群系，如果按照生物进化地位，给红树家族排个"梁山位次"的话，木榄群系至少可以坐上第二把交椅。

因为是胎生植物，所以木榄的树苗长得十分有趣，它的下端有一节圆平平的躯干，很像一把梭子，科学家把这部分称为原胚轴，它的上边连着茎。仔细观察茎上的叶子，你会发现大部分叶子都是一对一对地从茎的顶部长出来的。

木榄的叶子还有一个特点，那就是叶片的形状像一个鸡蛋，只是"蛋"有个"尖脑袋"。平时我们把叶片翻过来观察时，会看见叶片背面边缘全是紫红色。

木榄还长有许多形状非常奇怪的根部，很像人的膝盖，这其实是它的呼吸根。

那是木榄树，它们不仅有笋状根，而且还有胎生种子，是最典型的红树林树种。"

卡拉塔顺着如梦的指点望过去，果然发现那片"水中笋林"的上面，笼罩着巨大而茂密的树冠，那一扇扇肥厚的叶片就像蒲扇似的，油亮油亮。叶片之间，挂着一串串豆荚一样的东西，格外诱人。

"那些豆荚能吃吗？"卡拉塔顿时眼睛放光，"我都好几天没吃东西了，快饿死了！"

"那就是**木榄**的胎生种子呀，当然可以吃啦！"如梦话音未落，卡拉塔早已扑闪着翅膀冲了过去，一把抱住一粒木榄的种子就大口啃咬起来。

"好香啊，好香啊！"卡拉塔一边鼓着腮帮子大口咀嚼，一边口齿不清地赞叹，"真过瘾！"

"嘻嘻，红树林里好吃的东西还多着呢……"见卡拉塔一副狼吞虎咽的贪吃样，姬蜂如梦捂着小嘴笑了起来。

"真的吗？还有什么好吃的？快说说！"听到吃，卡拉塔就浑身来劲。

"很多呀，比如那边的**角果木**，你看它的种子细长细长的，像不像丝瓜啊？还有旁边的那个是秋茄，它的种子尖尖的，顶上还戴了个小皇冠！"如梦介绍起来如数家珍。

"喔，真的耶！"卡拉塔张大了嘴，"本来我还以为这些种子都是一回事，经你这么一说，还真的都不一样唉！"

"这些种子是不是都是胎生的呀？"嘀嘀嗒好奇地问了一句。

"Bingo！"如梦小手一拍，眨眨眼睛，点点嘀嘀嗒，"这位小朋友真聪明！"

"那当然了，嘀嘀嗒是我们的小博士！"卡拉塔满脸骄傲，仿佛说的不是

角果木是红树林中的另一种主要树种，也是一种典型的胎生植物。比较特殊的是它的胎生胚轴，比其他红树品种的胚轴都要长，可达15～30厘米，而且中部以上略显粗大，挂在树上的时候，很像一串串长长的丝瓜。

跟其他许多红树林树木不一样的还有，角果木竟然没有明显的支柱根，所以只能依靠底部的侧根变粗而起支撑作用，所以就显得有点娇滴滴的，很不耐海水淹没和风浪冲击。

海桑是国家二级保护植物，在其主要的原生地海南岛，海桑是被人们视为"神树"的。原因是这种树木的底部长满了呈放射状分布的尖尖小树桩，远远望去就像在水中突然长出了一片生机勃勃的笋林。其实，这些令人惊奇的笋状小桩，不过就是海桑的呼吸根，这是海桑为了适应海水涨潮时植株被淹没水中呼吸困难，长期进化而形成的。

海桑的笋状根结构细密，富有弹性，防滑耐磨，经过处理后可以作为木栓的替代品，还可用于制造渔网浮标、瓶塞、鞋垫等等哦。

海桑的果实口味酸甜、果气微香，而且营养十分丰富。有机会的话，到红树林里亲口尝一尝海桑果的味道，也是蛮不错的。

嘀嘀嗒而是他自己。

"还有什么好吃的东西？再说说，再说说！"比起胎生现象，卡拉塔更关心的显然还是吃的问题。

"红树林里美味的水果就更多啦，你们快过来！"如梦说着，把卡拉塔和嘀嘀嗒带到了一株结满了果实的大树前。那些果实圆圆的，长得就像青柿子一样，还散发着浓浓的果香味。

卡拉塔的口水立马又淌得跟小河一样了，他张口咬开一枚果实，顿时满嘴酸酸甜甜的，那果汁的美味让他一直幸福到了心底里。

"快看，这株树下也长满了笋状根呢！"嘀嘀嗒一脸疑惑，"莫非这也是一株木榄树？可是它的果实怎么是圆的而不是长的呢？"

"这不是木榄，这是海桑。"如梦说，"红树林里的笋状根植物品种也很多的，你看那边一丛丛的灌木，不是也

五　姬蜂姐姐美美哒

长满了笋状根吗？那是白骨壤。"

"真有意思！"刚吃完一枚海桑果的卡拉塔咂咂嘴，贪心不足地问道，"还有什么好吃的呢？如梦姐姐？"

如梦歪着头想了想，挥挥手道："来，再带你们去尝尝水椰果！"说完就向海岸边的树林深处飞去。

"水椰是怎么样的啊？是长在水里的椰子树吗？"卡拉塔边飞边问。

"嗯，怎么说呢，光从树的外形看，水椰跟椰子树的确有几分相像。不过，它们的果实可大不一样哦。你见过椰子树吗？椰子的果实个头大大的，颜色黄黄的，像个篮球，而且都是结在叶片根部的；可是水椰果呢，却是长在树顶的，由几十枚小果子聚合而

水椰是一种远古孑遗植物，世界遗存数量已非常有限，在我国仅分布于海南省东南部的崖县、陵水、万宁、文昌等沿海港湾泥沼地带；全世界也仅分布在亚洲东部的琉球群岛、南部的斯里兰卡、印度的恒河三角洲、马来西亚以及澳大利亚、所罗门群岛等热带地区。

在英国泰晤士河河口的伦敦黏土层中，曾发现过水椰的化石，证明远在四五千万年前的第三纪，欧洲的伦敦一带曾属热带、亚热带气候，那儿也有大量的水椰生长。然而到了第四纪冰川来临时，水椰在欧洲几乎已经毁灭殆尽，全世界分布范围也大大缩小，以致最终与水杉、银杉等一样，成了珍贵的孑遗植物。

成，它的颜色是深褐色的，形状有点像菠萝！"

"那一定很美味！"一想到菠萝，卡拉塔的馋虫又爬出来了。

"是啊，水椰果虽然没有椰子那样清凉甘甜的汁水，但是里面的种子味道很鲜美哦，吃起来可香甜了，跟椰肉有点像！"如梦说得眉飞色舞，"而且水椰的花也富含汁液，人类常用它们来酿酒的，可甜可甜了！"

"如梦姐姐，你瞧，卡拉塔都被你说得口水滴滴答了。"嘀嘀嗒在一旁取笑道。

"你才滴滴答呢！你就是嘀嘀嗒！哈哈！"卡拉塔向着密密的水椰林愉快地飞去。

吃过了美味可口的水椰果，卡拉塔的肚子终于有点饱了。他东看看、西瞧瞧，对红树林充满了好奇心。

忽然，他看见前方的树林里有一片银闪闪的亮光。

"那是什么呀？"好奇心爆棚的卡拉塔立即向前飞去，嘀嘀嗒和如梦也随即跟了过去。

"那个呀，又是红树林的一种特殊现象呢，嘻嘻，你又有口福了。"如梦显然已经发现了卡拉塔对食物的特殊爱好。

"那些亮闪闪的东西也能吃吗？"卡拉塔飞得更带劲了。

他们飞呀，飞呀，终于飞到近处，眼前的美景让卡拉塔惊呆了：一丛丛茂盛的小树上，所有的叶片都在闪闪发光。

五　姬蜂姐姐美美哒

"哇！这边的树林好漂亮！"卡拉塔动作轻快地降落在一片叶子上，这才发现，原来树叶的表面薄薄地铺着一层水晶般亮闪闪的东西，就像洒满了白糖一样。

"漂亮吧？还能吃呢，不信你尝尝！"

卡拉塔伸出前爪，从叶片上捏起一粒亮晶晶的东西，放进了嘴里。

咸咸的，鲜鲜的，唔，味道还不错！

"原来是盐啊！好吃！"卡拉塔咂巴了两下嘴，然后就趴在树叶上，尽情地舔（tiǎn）了起来，一边舔还一边问，"树叶上怎么会有这么多盐呢？"

"这是红树林的泌盐现象啊……"

如梦正想解释，嘀嘀嗒已经抢先解答起来："卡拉塔，你还记得我们在树干里穿行的时候，那些流来流去的透明液体么？那就是被红树林吸进体内的海水！水分被大树吸收了，而盐分呢，就从叶子上排出来啦。"这会儿的嘀嘀嗒，又恢复了万能博士的本性。

可是卡拉塔却对嘀嘀嗒的教诲充耳不闻，只是一心对着如梦虚心讨教："为什么只有这边的树上有盐分，刚才那些木榄树和水椰树上都没有呢？"

"泌盐现象只是部分红树林植物才有的特征，比如这些桐花树，就是最典型的泌盐植物。"如梦点点卡拉塔的身后，"还有那些老鼠簕（lè），也是泌盐植物。"

卡拉塔回头一看，身后有一小片漂亮的灌木，碧绿的叶片镶着细细的金边，叶片边沿一棱一棱的，长满了尖尖的刺，叶片的表面，果然布满了星星点点的盐分。

在如梦的带领下，卡拉塔和嘀嘀嗒认识了许许多多红树林植物，品尝了各种各样的美味，他们在树林下的花草间穿来穿去，呼吸着林间潮湿而又清新的空气，心情就像风儿一样自由畅快。

"如梦姐姐你懂得真多啊，要是我有一个像您这样的亲姐姐，那该多好！"卡拉塔由衷地赞美道。

"我也很喜欢你们啊。"如梦说着，往卡拉塔这边伸长脖子，轻轻地吸了吸鼻子，和蔼地说，"你身上有一股很亲切的味道呢，看到你，就让我想到了我的孩子。"

说到这里，姬蜂如梦的神情突然有些黯淡，俊俏的脸蛋上笼罩起了一片乌云。

"如梦姐姐，你这么年轻，就已经有孩子啦？"卡拉塔继续没心没肺地问道。

"你的孩子怎么啦？"细心的嘀嘀嗒却注意到了如梦的情绪变化，关切地问道。

桐花树又称蜡烛果，是一种非常美丽的红树林植物。

桐花树的花朵于每年的1—4月盛放，花色洁白无瑕，聚合成伞状花序，十分美丽动人；它的果实细长，呈半月形，成熟时由绿色逐渐变成红褐色，仿佛一枚枚小辣椒，煞是可爱。

桐花树的叶片非常美丽，形状为卵形，两片互生，叶脉清晰、叶色翠绿，呈革质，叶柄带有红色，叶面常见有排出的盐，因而是典型的泌盐植物。当满树的叶片同时分泌出成片的结晶盐时，景象格外浪漫美丽。

桐花树的根部也极有特色，在泥土下，生长着它的缆状根，仿佛铺在地下的电缆线，呈水平状四处伸展，起到稳定树身的重要作用。同时，桐花树还长有膝状根和支柱根，起到呼吸和支撑的作用。

"我的宝宝不见了……"如梦忽然难过起来，眼眶里流出了泪水。

"怎么会不见的呢？被拐跑了？"卡拉塔吓了一跳，替如梦着急起来。

"不知道啊，反正突然就失踪了。"如梦抹了一把眼泪，扬起头说，"我一定要找到他！"

"那，要不我们帮你一起找？"卡拉塔自告奋勇。

"你们不认识我的孩子，也没法找啊。"如梦摆摆手，"没关系的，我有灵敏的嗅觉，一定能找到宝宝的。你们玩吧，我再四处找找。"

说着，如梦就嘤嘤嗡嗡地飞走了。

六　变身法器不见了

"如梦姐姐看上去好年轻啊，怎么居然已经有孩子了呢？"如梦飞走后，卡拉塔却还在一直纠结着这个问题。

"是啊，真的挺年轻的，根本不像已经做了妈妈的样子。"嘀嘀嗒点头赞同。

"她的孩子到底去了哪里呢？"卡拉塔的情绪开始有点低落，他趴在一片树叶上，心不在焉地舔着上面的结晶盐。

"你看这森林里，各种大大小小的动物这么丰富，有很多动物都是我们昆虫的天敌啊，我看如梦的孩子是凶多吉少了！"嘀嘀嗒的口气有点沉重，他严肃地看着卡拉塔，提醒道，"所以，你也要保持警惕，千万不要冒冒失失地到处乱跑，红树林看上去虽然很美，但里面的陷阱也很多的！"

"哦哦，知道了。"听了嘀嘀嗒的警告，卡拉塔心虚地低下头，专心舔起了树叶上的盐巴。

舔了好一会儿，肚子忽然又咕噜咕噜地难受起来了。

"我的肚子又叫了！"卡拉塔双手捂着肚子，表情痛苦地从桐花树叶上飞了下来，"不行，我得上个厕所！"

说着，卡拉塔急急忙忙地往树下飞去，飞向一片草丛。

"哈哈，还怕难为情呀？跑那么远干吗？要方便你就在树叶上方便好啦，这里又没人来看你！"看到卡拉塔一副狼狈模样，嘀嘀嗒忍不住又取笑。

"我才不要呢！叶子上的盐巴那么漂亮，怎么能把它搞脏呢。"话音刚落，卡拉塔就剑一般射进了草丛里。

草丛里面好安全呀，那些绿油油的小叶子又多又密，就像一道天然的屏障，把卡拉塔小小的身躯包陷在里面。小草叶子上布满了细细的绒毛，踩上去软绵绵的，就跟赤脚走在家里的地毯上差不多，可惬意了。不过这会儿，卡拉塔可没心思享受这天然的地毯，现在他最迫切需要解决的，是肚子的问题。

卡拉塔一头钻到了一株小草的根部，迫不及待地蹲了下来。小草浓密的叶丛从头顶呼啦啦垂盖下来，正好将他巧妙地隐蔽起来。

卡拉塔垂下四肢，闭上眼睛，舒舒服服地方便起来。

方便完毕，他睁眼抬头，心满意足地从草丛里探出脑袋，刚想往外钻，忽然看到不远处一枝伸向水面的树干上，有只长相奇特的怪物，正张着大嘴，瞪着两眼，直勾勾

地盯着自己呢！

那怪物又粗又壮，通体浑圆光溜，身上布满了黑色的条纹和褐色的斑点，花里胡哨的，让人情不自禁地联想到丑陋的非洲巨蜥（xī）和凶残的美洲豹。这会儿，他正用布满花斑的胸鳍（qí）紧紧地抱着树干，一双小眼睛虎视眈（dān）眈地突起在头顶上，张得老大的嘴里，现出两排尖尖的牙齿，仿佛要将卡拉塔一口吞进肚里。

天哪！这，这不是一条鱼么？！可是鱼儿怎么长得这样凶狠啊？而且——，而且还爬到树上来了！卡拉塔不寒而栗，脑子里刹那间一片空白。

那怪物鱼见卡拉塔木头人一般，惊恐万状地呆立在草丛里，竟挥动胸鳍，沿着树干一步一步向卡拉塔逼近。

忽然，半空中传来嘀嘀嗒尖利的喊叫声："弹涂鱼！是弹涂鱼！卡拉塔，跑啊，快跑啊！"

卡拉塔终于醒悟过来，他抬头一瞧，嘀嘀嗒正盘旋在树林的上方，翅膀就像直升机的螺旋桨一样飞速挥舞着。他赶快扇动翅膀，从草丛里飞了起来。

就在这千钧一发之际，树干上的弹涂鱼嗖的一跃，张着大嘴向卡拉塔扑来。

卡拉塔一个闪身急速避开，扑空了的弹涂鱼扑通一声，直挺弹涂鱼又叫跳跳鱼，是鱼类中的天才，它们一生有很多时间都不在水里度过，因为它们的鱼鳃周边长有小口子，可以装下供一次呼吸的水，所以能较长时间地待在岸上。

它们的胸鳍特别发达，依靠胸鳍和尾柄可以在水面、沙滩、岩石上爬行或跳跃，因此常常在晴天时钻出洞穴，在泥滩上跳跃活动，寻找滩涂上的底栖藻类、小昆虫等食物，甚至还能爬上树去捕捉昆虫。它们居住的地方长满了红树林，它们很高兴爬到树干或树枝上去。它们把腹鳍用作吸盘，用来抓住树木，用胸鳍向上爬行。

弹涂鱼一般寿命为3~5年，最高能达7年。它的繁殖季节在每年的4—9月，每尾亲鱼可产卵1万粒左右。

挺地跌进了水里。

受到惊吓的卡拉塔拼命地飞出银光闪闪的桐花树林，往最初穿越过来的那株木榄树逃去。他一边飞，一边喊："嘀嘀嗒，这里太危险了，我们还是快变回去吧！"

重归平静的水面上，蓦地探出了一个眼睛长在头顶的奇怪脑袋。看到两只小树蜂被自己吓得惊慌失措的样子，潜在水中的弹涂鱼恶作剧般地大笑起来。

"太可怕了，太可拍了！"跌跌撞撞地逃回到木榄树前，卡拉塔早已脸色煞白了。

"我说得没错吧？红树林里危机四伏的，一个不当心，就可能被什么东西给吃到肚子里去了！"

"别说了别说了！"卡拉塔的全身还在瑟瑟发抖，"不过谢谢你啊，刚才还好你及时叫了一声，不然我可能真成了那条弹涂鱼的腹中之物了。"

"是啊，弹涂鱼最喜欢吃我们这些小昆虫了，以后咱们还是当心点，尽量避开他！"

"以后？没有以后了！"卡拉塔焦急地嚷嚷，"这里太危险，我们还是赶紧变身回去，爸爸也该下班了，待会儿找不到我，那麻烦就大了！"

"这个你不用担心的，只要我们变身回去，时间就会马上回到我们进来的那一刻。所以无论我们在这里待多久，都没有关系的。"

"也就是说，当我们变身穿越进来之后，外面的时间就是静止的啦？"

"可以这么理解吧。"嘀嘀嗒点点头，"所以，要不要这么快就回去，你想想好哦，我可是还没玩够呢……"

"回去，还是回去吧，马上变身！"卡拉塔态度坚决地说。

"那好吧……"嘀嘀嗒伸手往胸前一摸，忽然慌张起来，"糟糕，我的口哨不见了！"

"什么什么？口哨不见了？"卡拉塔急了，"那我们不是回不去了？！"

"是啊，银口哨可是我的变身法器，这下麻烦真的大了！"

嘀嘀嗒跳着小脚，急得快要哭了。

"再找找看，再找找看。"卡拉塔一下子也乱了方寸。

"我明明挂在胸口的，你看，绳子都还在，可口哨却没了，一定是丢哪儿了……"

"那会丢在哪里呢？你快想想呀！"

"丢哪里了？丢哪里了？到底丢哪里了？"嘀嘀嗒使劲地抠着自己的脑门子，仿佛那枚银口哨就藏在自己的脑袋瓜里似的。

"我记得前面如梦姐姐还夸过你的银口哨漂亮呢，那时候还在的。"卡拉塔试图帮着梳理头绪。

"就是啊，后面我们就在树林里玩，也没去哪里呀……"嘀嘀嗒努力回忆着。

"对了，我知道了！"卡拉塔一拍脑袋，"一定是那只可怕的弹涂鱼，吓得我们急急忙忙地逃，结果就把口哨弄丢了！"

"你的意思是说，口哨是掉在了那片有很多结晶盐的桐花树林里了？"

"对啊，之前我们都在好好地玩，口哨应该也不会无缘无故掉的。"卡拉塔头头是道地分析起来，"后来那条讨厌的弹涂鱼出现了，就把我们吓得七荤八素的，光顾着逃了。这种时候，是最容易忙中出错的。"

六　变身法器不见了

"有道理，看来我的口哨八成是掉在桐花树林里了。"嘀嘀嗒点点头，"那我们赶紧回去找找吧！"

卡拉塔和嘀嘀嗒当即飞出木榄树，壮着胆子重新向着桐花树林进发。虽然那条可怕的弹涂鱼让卡拉塔还有点心有余悸，但是找不到银口哨的话，就变不回去了，留在这红树林里当一辈子树蜂，那岂不是更加可怕？

此时太阳已经渐渐偏西，红树林外，尽管还是一片金光闪烁，但是茂密的树林里面，光线却已渐渐黯淡下来。

两只心急火燎的小树蜂，一前一后冲进了暗簇（cù）簇的桐花树林。

一进树林，卡拉塔和嘀嘀嗒就上上下下、前前后后，漫无目的地找了起来。他们找啊找啊，几乎找遍了每一个角落，可还是一无所获。

"没有哎，还是没有哎，这可怎么办呢？"卡拉塔顿时又一筹莫展。

"除了这片树林，也不可能掉在别的什么地方啊？"嘀嘀嗒自言自语着，忽然好像有所醒悟，"会不会是被那条弹涂鱼捡走了呢？"

"有道理！"卡拉塔点着脑袋，"看来得找弹涂鱼去问问看。"

"是啊。就算他要吃我们，现在也顾不了这么多了！"

"可是，我们该去哪里找弹涂鱼呢？"卡拉塔皱起了眉头。现在他更担心的不是自己会不会被弹涂鱼吃掉，而是怕根本就找不到弹涂鱼在哪儿。

　　"呱——呱——呱——"枝头上忽然传出一阵蛙鸣声，一只趴在上面的树蛙听见了卡拉塔和嘀嘀嗒的对话，热心地指点道："你们去海边的滩涂上找找吧，弹涂鱼的家都在那里。"

　　"哦，谢谢蛙哥哥！"嘀嘀嗒谢过树蛙，转身对卡拉塔一扬手，"卡拉塔，我们走吧！"

　　两只树蜂一前一后飞出桐花树林，向着远处的海滩飞去。

　　"青蛙不是也要吃昆虫的吗？刚才那个蛙哥哥怎么这么好？不仅没吃我们，还替我们指路？"卡拉塔满脸疑问。

　　"是啊，红树林里的事就是这么奇妙，有时候我们也搞不懂的。"嘀嘀嗒也觉得挺意外。

　　　　　　　　　六　变身法器不见了

七　弹涂鱼的洞穴

　　宽阔的海滩，静静地躺在红树林外不远的地方。那是一片由淤泥堆积而成的黄褐色滩涂，而不是大家想象中的那种洁白柔软的沙滩。

　　卡拉塔和嘀嘀嗒一心急着找回变身法器银口哨，所以一点都不敢逗留。他们刚飞出树林，就直奔一望无际的滩涂。

　　傍晚的滩涂上可热闹了，金色的夕阳下，五颜六色的海贝们纷纷从海水中爬上岸来，一边在泥地上悠闲地散步，一边往空中欢快地喷着水；一道道五光十色的小小彩虹，在海贝们的头顶上此起彼伏地闪现，仿佛正在上演着一场海水版的"焰火大会"；几只腿脚麻利的寄居蟹，正在你追我赶赛着跑，身上五彩宝塔似的螺壳一晃一晃的，好像随时都会倾倒下来；最叫人震撼的，是那一群一群不计其数的弹涂鱼，都高高地竖着尾鳍，鼓着大大的腮帮子，瞪着圆溜溜的小眼睛，扭动着胖胖的身体，在泥浆中尽情地翻滚和舞蹈呢！

　　"这么多弹涂鱼！"卡拉塔不禁惊叹一声。刚才遇见一条弹涂鱼，他就被吓得魂儿都快飞出了体外；现在面对这密密麻麻海贝是生长于海洋沿岸的生物，属软体动物，种类繁多，仅我国南沙群岛就分布有250多种。

有一些品种的海贝会不断地向空中喷水。这些海贝在迅速关闭贝壳时会有一个喷射力，借助喷水时的压力，海贝可以使自己移动起来。

天然海贝在中国新石器时代晚期就被当作货币用于商品交换，是中国最早的古代货币。由海贝串成的饰品，象征财富与地位。在古代，印度洋、太平洋沿岸的印度、缅甸、孟加拉、泰国等国也都用海贝作为货币。

寄居蟹是一种外形介于虾和蟹之间的节肢动物，因寄居在螺壳内而得名。这种动物虽然个头不大，但性情非常凶猛，常常吃掉软体动物如螺类的肉，然后将螺壳占为己有，而且随着寄居蟹的不断长大，它还会不断地更换不同的螺壳来给自己寄居。因此，寄居蟹其实是个"小强盗"。

寄居蟹对吃的倒是并不怎么讲究，它喜欢生活在海岸边的沙滩和岩石缝里，以藻类、食物残渣和寄生虫等为食，属于杂食性的动物。所以在水族箱里放一两只寄居蟹，就能起到清洁工的作用，因此常被称为"清道夫"。

寄居蟹的寿命一般为2～5年，但是在良好的饲养环境下，也经常可以活到20～30年，有记录记载，一只寿命最长的寄居蟹，居然活过了70年！

弹涂鱼为什么要在泥浆中跳扭屁股舞呢？原来，这是雄鱼吸引配偶的一种手段。

每到春季，雄性弹涂鱼会寻找合适的地面划分各自的势力范围，然后在泥地上挖一个半米多深的洞穴，为生产和哺育下一代做好准备。然后，雄鱼就开始四处寻找配偶。退潮后，雄鱼会在雌鱼面前跳求偶舞，以此来引诱雌鱼。为了增加诱惑力，雄鱼还会通过往嘴里和腮腔充气的办法，使头部膨胀起来，并且将背弯成拱形，高高地竖起背鳍和尾鳍，不断扭动身体，来挑逗和引诱雌鱼。

七　弹涂鱼的洞穴

的弹涂鱼群，他反而一点都不觉得害怕了。不过，这么多弹涂鱼，实在让他感到有点头疼，他抓抓后脑勺，现出一副无计可施的样子："长得都一个模样，这该怎么把那条捡走银口哨的弹涂鱼找出来呢？"

嘀嘀嗒显然要比卡拉塔沉着冷静，他倏的一下飞落在滩涂上，然后几步小跑到一只正在散步的海贝面前，用双手比画着问道："海贝阿姨，请问，你们认不认识一只穿着花衣服，个头这么大，头顶长着一对小眼睛的弹涂鱼啊？"

"弹涂鱼都长这个样子啊，你说的到底是哪一位呢？"海贝停下脚步，有些无奈地耸耸肩，回头指着那群正在泥浆中狂欢的弹涂鱼说道，"你还是过去问问他们看吧，估计也只有他们自己才能分清谁是谁！"

嘀嘀嗒没有犹豫，道过谢之后，立即向前飞去。

一条没有参与狂欢的弹涂鱼正安静地趴在泥地里，这条弹涂鱼看起来比较苍老，也许已经没有精力跳舞了。不过对于弹涂鱼世界的事情，他应该会知道得更多吧。

嘀嘀嗒快速飞了过去，还没飞到跟前，就远远地打探起来："鱼爷爷您好，我们想向您打听一个人……"

"打听一个人？"苍老的弹涂鱼呃喝呃喝地咳嗽了两声，然后和蔼地笑了，"小树蜂，你要找人，就得去远处的村庄里打听，我们这儿只有野生动物，没有人类……"

弹涂鱼爷爷话音未落，卡拉塔就在一旁急急地纠正道："不是不是，我们不是要打听人类，我们是要找一条弹涂鱼！"

"哦，要找弹涂鱼？那可没有我不知道的！"弹涂鱼爷爷得意地抬起头，豪爽地说道，"你们要找的是谁？说说看。"

"我们也不知道他叫什么名字……"

嘀嘀嗒话还没说完，卡拉塔就抢着描绘起来："他穿着花衣服，个头这么大，头顶长着一对小小的眼睛，长得……"然后看了一眼弹涂鱼爷爷，不禁有些泄气，"长得就跟您差不多！"

弹涂鱼爷爷朝卡拉塔翻了翻白眼，有些不快："小朋友，你这等于没说！"

"我们在前面的桐花树林里遇到过他的，他会趴在树干上……"

"哦，这我就知道了，肯定是大壮！没错，他最喜欢去那片树林了。"弹涂鱼爷爷胸有成竹地指指远处的滩涂说，"你们去那边找吧，他家就在前边。"

"太好了，谢谢您！"卡拉塔和嘀嘀嗒异口同声地谢过弹涂鱼爷爷，然后就朝着鱼爷爷指点的方向飞去，

不一会儿，他们来到了滩涂的尽头。

七　弹涂鱼的洞穴

夕阳下，弹涂鱼大壮正鼓着腮帮子，围在一条体型稍小的雌弹涂鱼跟前，尽情地跳着扭屁股舞。

"我看到了！我看到了！"卡拉塔一眼就认出了这条差点把他吓得半死的弹涂鱼，"那个就是大壮！你看他胸前，还挂着我们的银口哨呢！"

太阳的余晖（huī）照耀在大壮健硕的胸鳍上，果然反射出一道亮闪闪的银光。

"卡拉塔，你小心点！"看到卡拉塔迫不及待地冲过去，嘀嘀嗒急得大喊，"别惹恼了他，弹涂鱼会吃我们的！"

可是卡拉塔却不知哪来的勇气，早已不顾一切地冲到了大壮跟前，用手指着大壮厉声质问："你这个坏蛋，刚才吓唬我们，害我们把口哨弄丢了！快把口哨还给我们！"

本来玩得开开心心的大壮，突然被卡拉塔这么一骂，眼前顿时闪过三道黑线。他沉下脸，恶狠狠地问："小家伙，你说什么疯话呢？！"

"刚才在那边树林里，你偷看我上厕所，还吓唬我，你赖不掉的！"

"哈哈，原来是你这个胆小鬼啊，你们不是逃走了吗？怎么又敢找上门来？"

"别装傻了，你偷偷捡了我们的银口哨，刚才我都看见了，就挂在你脖子上！"卡拉塔怒吼道，"咦，你又把它藏哪了？太狡猾了，快还给我们！"

"闭嘴！你这个没礼貌的小不点！"大壮发怒了，"本来只想吓吓你的，没想到你这么不可理喻。再乱说，信不信我一口吞了你！"

"来呀！来呀！你来咬我呀！"卡拉塔也来劲了，他虽然心里很害怕，但却寸步不让。

这下大壮终于被彻底激怒了，他猛地从泥浆中弹跳起来，向卡拉塔扑了过去。

来真的呀？！卡拉塔吓得转身就逃，可大壮哪里肯放过他呀，一直在后面穷追不舍。

"卡拉塔，快跑！快跑！"嘀嘀嗒焦急万分。

慌乱奔逃之中，前面的泥地上忽然现出一个洞穴，卡拉塔来不及多想，就一头撞了进去。

没想到，大壮也呼哧呼哧地紧跟着追进洞来！

"大壮，大壮，你别冲动啊！"在大壮身后，另一条弹涂鱼边跑边喊着，也跟了进来。刚在滩涂上被大壮围着大献殷勤的那条雌鱼正是她。

"花花，你别管，这个小家伙太没礼貌了，我得教训教训他！"大壮喘着粗气，转身叼起身边的泥巴，啪嗒——啪嗒——，只几下，就将洞口迅速封堵了起来！

糟糕！这下要被关门打狗了！卡拉塔这时才后悔起刚才的鲁莽来。

"呼哧——呼哧——"大壮故意发出可怕的声音，对着藏在暗处的卡拉塔威胁道，"别躲了，小树蜂，今天我跳了一天舞，肚子饿坏了，得赶紧吃点东西垫垫饥，啊呜——！乖乖出来吧，你跑不了的！"

莫非，今天真的要成为弹涂鱼的腹中餐了？卡拉塔瑟瑟发抖地躲在洞穴最角落的泥堆后面，从没感觉这么害怕过。

"亲爱的，别吓唬他了。"黑暗中，忽然传来了弹涂鱼花花温柔的声音，"你看，我们的宝宝，快

弹涂鱼真的会用泥块来堵洞口哦。

雄弹涂鱼在泥浆中表演求爱舞蹈的过程中，每隔一段时间都会停下来，看看自己锁定的目标是否已对它失去了兴趣或落入它的竞争对手的魔掌中。如果雌鱼正犹豫不决，这位求偶的雄鱼会钻入自己的洞中，然后又很快再钻出来，如此反反复复，以便吸引雌鱼关注，同时似乎在向雌鱼发出热情的邀请：进来吧，这里是你温暖的家。如果雌鱼还是犹豫不决，雄鱼就会不断地进进出出，直到雌鱼禁不住诱惑而钻入它的洞中。

当雌鱼进入雄鱼的巢穴，雄鱼就会以极快的速度回到洞口，衔起一块泥巴堵住"洞口"，把自己的"爱人"关在自己的洞中。

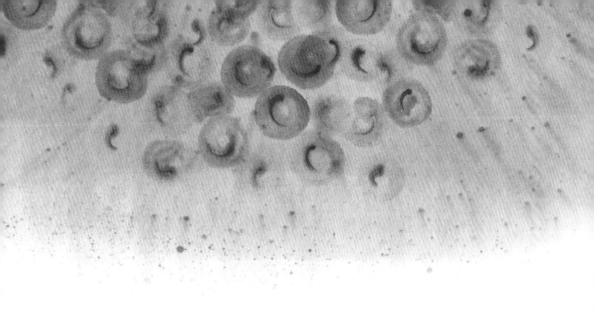

要出生了，他们多可爱呀！你别这样凶神恶煞似的，会吓到孩子的。”

弹涂鱼的宝宝？卡拉塔的好奇心忽然又被点燃了，害怕的心情顿时消散了不少。他借着昏暗的光线，偷偷往前看去，这才发现，洞壁上竟然密密麻麻地布满了晶莹剔透的鱼卵，有些卵中的小鱼儿，已经在一跳一跳地抖动了呢。

妈呀！原来自己竟误入了弹涂鱼的洞穴！

“大壮啊，别逗小树蜂了。来，让我们一起守候宝宝们的诞生吧！”花花的声音暖暖的，让卡拉塔想起了妈妈。虽然妈妈经常要加班，但真的离开妈妈了，又特别特别地想她。

“好吧，不管那讨厌鬼了！”大壮终于安静下来，“你说，我们的宝宝会长得像你呢？还是像我呢？”

“肯定是既像你，又像我啦！”

"嘿嘿，好期待啊！"

看到弹涂鱼一家温馨的场面，卡拉塔突然觉得自己像个多余的电灯泡，而且刚才确实做得有点过分了。

"卡拉塔，快，快爬出来！"嘀嘀嗒的声音忽然在头顶响起。

卡拉塔抬头一瞧，只见一束微弱的光亮从头顶上方照射下来。光晕中，隐约可见嘀嘀嗒正在上面焦急地挥着爪子，向他拼命招手呢。

原来这个洞穴还有另一个出口！一阵激动掠过卡拉塔心头，他赶紧手足并用，往洞口快速爬去。身后，弹涂鱼花花和大壮亲昵的交谈声越来越模糊，越来越模糊。

终于，眼前豁然开朗，卡拉塔顺利爬出了弹涂鱼的洞穴。

"卡拉塔，你冤枉弹涂鱼了！"嘀嘀嗒有点埋怨道。

"怎么冤枉他啦？"卡拉塔抓了抓后脑勺，似乎有些想不明白，"我明明看到他的胸口有银光在闪啊，怎么一转眼就不见了呢？难道，那不是你的口哨？"

"是啊，我看清楚了，那根本不是什么口哨，是弹涂鱼胸鳍上的一块银色斑点！"

"哦！"卡拉塔恍然大悟，"难怪他那么生气呢，原来真的是我错怪他了！其实刚才呀，我发觉他在雌鱼花花面前，还蛮憨（hān）憨的，说起他们的小宝宝，那口气可温柔了！"

"嗨！别管什么弹涂鱼了，还是多操心操心我的银口哨吧，再找不到的话，我们可就真的只能在这里做一辈子的树蜂了！"

"那，那口哨到底丢在哪里了呢？"被嘀嘀嗒这么一说，卡拉塔又急了。

七　弹涂鱼的洞穴

八　情势大逆转

夕阳终于在海平面上慢慢消失了，海滩上渐渐暗了下来。清冷的晚风，不知从哪里突然蹿了出来，像一群看不见的幽灵，呼呼呼地盘旋在滩涂上。那些忙忙碌碌的小动物们，有的潜回海底，有的钻进泥穴，有的遁入草丛，眨眼间都不见了踪影。

"天不早了，我们还是先回大红树林里去吧，等明天再出来找。"嘀嘀嗒显得比较冷静。

"好吧——"卡拉塔也没了辙，只好跟在嘀嘀嗒后面，心情低落地往那棵穿越过来的木榄树飞去。

忽然，灰蒙蒙的前方闪过一道熟悉的银光，嘀嘀嗒惊喜地喊起来："银口哨！我的银口哨！"

随着一阵嘤嘤嗡嗡的声音，一个模糊的身影从远处迎面飞来。卡拉塔看清楚了，是姬蜂如梦！而且，在她的手里，正拿着嘀嘀嗒的小银哨呢！

"如梦姐姐！如梦姐姐！"卡拉塔和嘀嘀嗒开心地齐声高喊起来。嘀嘀嗒更是如释重负，"原来是你捡到了我的口哨呀！"

听到喊声，如梦却像疾风一样，唰的一下冲到了两只小树蜂的跟前，抬手尖叫道："闭嘴！不许叫我姐姐！"

"你怎么啦？如梦姐姐？"卡拉塔被如梦的样子吓呆了。

刚才还那么和蔼可亲的姬蜂如梦，怎么一下子变得像个女巫婆似的，这么歇斯底里啦？

"哼！我说你身上怎么有一股熟悉的味道呢，原来你们就是从那棵大红树里逃出来的呀！"姬蜂如梦根本没有理会卡拉塔的疑惑，完全沉浸在自己的愤怒之中，她恶狠狠地指着卡拉塔叫嚷，"你明明已经被我刺中了，应该乖乖地待在树干里，等着我的小宝宝在你身体里孵化出来才对啊，怎么居然还能羽化成虫逃出大红树呢？说！你到底用了什么诡计？"

"什么什么诡计呀？"卡拉塔越听越糊涂了。

"你这个小骗子，亏我还把你当朋友，竟然敢拐跑我的孩子！"如梦跳脚嘶喊着，样子就跟疯了一样。

"什么？什么？你说什么？我拐跑了你的孩子？！"万万没想到，自己居然会被如梦姐姐指控拐跑孩子，卡拉塔简直要抓狂了。

小树林里到底发生了什么，让姬蜂如梦的态度发生了这么大的转变呢？

原来，嘀嘀嗒的口哨，的确是在他们遇到弹涂鱼大壮，受到惊吓慌忙逃跑的时候不慎掉落的。但是，大壮随后就跃入水中，潜在海水中游回了滩涂。所以，他并没有发现滚落在草丛下的那只神奇的银口哨。

事实上，当卡拉塔和嘀嘀嗒慌里慌张地逃出桐花树林后没多久，这枚静静地躺在草丛下闪着幽光的银口哨，就被姬蜂如梦捡到了。

当如梦飞出小树林后，就沿着海岸边的红树林一路往前飞，她东闻闻，西嗅嗅，希望能闻到宝宝的气味，可是却一无所获。

"这里没有，这里也没有，奇怪啊，明明应该是在那棵大红树里的，难道是我记错了？怎么会不见了呢？"如梦自言自语道，声音中带着哭腔，"宝宝啊，你到底去哪里了呢？"

如梦漫无目标地在岸边的草丛中找啊找啊，还是没有找到自己的孩子，只好失望地往回飞。不知不觉，她又回到了刚才那片叶子铺满了神奇泌盐的桐花树林。

忽然，如梦发现远处的草丛中，似乎有什么东西在闪闪发亮。她飞过去一看，呀！怎么有只银色的口哨躺在草丛里呢？

如梦飞上前，捡起口哨仔细一瞧："咦，这不是嘀嘀嗒胸口挂着的那只小口哨吗？一定是刚才他们玩耍的时候，不小心掉落了。"

"嘀嘀嗒——，卡拉塔——，你们在哪里？"如梦高喊起来，却没有任何回音。

"都已经这么晚了，他们跑到哪里去了呢？"如梦突然想到了一个情景：第一次碰到嘀嘀嗒和卡拉塔的时候，他们好像正在跟谁说话？

哦，想起来了，团水虱！他们是在跟团水虱说话。好像那些长相丑陋的水虱虫还挺不高兴地说卡拉塔重色轻友呢。对，去问问团水虱，一定知道他们住在哪儿！

"请问，今天下午跟你们说话的那两只小树蜂，他们住在哪里，你们知道吗？"如梦来到了团水虱居住的那株枯树跟前。

夕阳映照的枯树枝上，密密麻麻的团水虱都钻出了树洞，正聚集在枝头尽情享受着这一天的最后一道"日光浴"。

"你是说卡拉塔和嘀嘀嗒吗？"嘟嘟从水虱群中伸出脖子，嫩生嫩气地问道。

"对对，就是他俩。"如梦拼命点头。

圆圆也钻了出来，他立起身子，指了指不远处的那株木榄树，结结巴巴地说："喏，他们就——就住在那棵大——大红树里。"

"你是说，那棵木榄树？！"如梦一回头，一株熟悉的大红树就高高地矗立在眼前。那一刻，她的脸色唰啦一下，就变得煞白煞白。

八 情势大逆转

"对呀，就是这株大红树没错呀。"嘟嘟十分肯定地补充道。

"你们……确定？他们就住在这一株树里？"如梦颤抖着声音，呼吸急促起来。

"肯定啊，当然肯定！"亮亮嘎嘎嘎叫了几声，不屑地说道，"这两个小树蜂呀，太没有自知之明！他们还没羽化的时候，还从那个树干里钻出来嘲笑我们哩！真气人！也不拿面镜子照照，不就比我们白了一点而已嘛……"

"我的孩子！"听完团水虱的话，如梦大叫一声，疯了似的吼叫起来，"嘀嘀嗒！卡拉塔！我一定要找到你们！我必须抓到你们！"

那尖利的叫声，瞬间就像利剑一样射向那些攀爬在枯树枝头的团水虱们，亮亮、圆圆、嘟嘟以及他们的小伙伴们，全都吓得立即缩进了枯枝洞里。

"原来她认识那两只小树蜂呀，那干吗还要问来问去问我们……"嘟嘟啰里啰唆的声音，从枯树的空洞里嗡嗡嗡地传出。

姬蜂如梦手提着银口哨，心急如焚地转身去找卡拉塔和嘀嘀嗒，没飞多久，就在不远处的树林里遇到了正准备赶回木榄树的两只小树蜂。

原来竟是这两只小家伙拐跑了我的孩子！如梦心中腾的一

下，升起了一股狭路相逢的怒气。

她气势汹汹地挡在了卡拉塔和嘀嘀嗒跟前，声色俱厉地发誓要把卡拉塔抓回去。

对于姬蜂如梦的无端指责，毫不知情的卡拉塔自然是一头雾水，他难以置信地问道："我都不知道你的宝宝长啥样啊，怎么可能把他拐跑呢？"

"别装傻了，我的宝宝就在你的肚子里！"如梦见两只小树蜂仍旧是一脸的茫然，干脆转身飞到木榄树前，一把抱住树干，然后举起细长的尾部，拖在上面的那三条彩带，瞬间变得像锉刀一般坚挺。只见如梦夸张地扭动着身体，那锉刀样的东西很快就插进了树干，"看到了吧？当你们还是两条幼虫，躲在大红树里的时候，我就已经用我的产卵器把宝宝生在你的肚里了！"

啊，原来是这样！那个彩带一样的东西，居然是姬蜂的产卵器！卡拉塔看得头皮发麻，恶心得都快要吐出来啦。

"可是我们躲在树干里，你是怎么找到我们的呢？"嘀嘀嗒还是觉得不可思议。

"你真是个好学的孩子！"如梦得意地说道，"反正你们跑不了了，我也不怕告诉你们。我根本就不用找，你们拉出来的便便味道，老远我就闻到了！"

该死！卡拉塔心里大骂一声，要不是自己贪吃，就不会拉那么多便便，更不会引祸上身了，这就是贪吃的后果呀！他真是后悔极了。

"坏姐姐！你干什么要害我？"卡拉塔愤怒起来。

"没办法呀，我得把宝宝生在你们树蜂的幼虫体内，我的孩子才能吃饱喝足呀。"如梦摊摊手，耸耸肩，居然一副无可奈何的样子。

"糟糕，看来她说的是真的！"嘀嘀嗒对着卡拉塔惊叫，"不过你还算是挺幸运的。"

"幸运？你逗谁呢？都被她算计了，我还算幸运？！"卡拉塔翻着白眼。

"你想啊，一般的树蜂幼虫，要是被姬蜂下卵寄生后，都会被彻底麻痹，完全丧失行动能力。"嘀嘀嗒压低声音说道，"所幸你是由人类变身过来的，体内拥有一

为什么姬蜂要把自己的卵产在树蜂的身体里呢？因为这是姬蜂繁殖后代的一种特殊方式。

雌姬蜂有十分灵敏的嗅觉，可以轻易找到躲藏在树干里的树蜂幼虫。她还有锉刀一样又长又锋利的产卵器，可以刺穿树皮，刺进躲在树干里的树蜂幼虫，将自己的卵产在树蜂幼虫体内。

姬蜂的虫卵在宿主体内孵化成幼虫后，就可以靠着吃宿主的脂肪和体液长大。为了给孩子的食物保鲜，姬蜂还会用螯针将猎物麻醉。而刚孵化出来的姬蜂幼虫，也有着与生俱来的"食物保鲜"意识，它们会先食用猎物肌体不重要的部分，使猎物仍保持鲜活，甚至到吃完了猎物身体的一大半，猎物居然还是活着的。

般树蜂不具备的特殊能量，所以你不过只是胸口发闷、全身发麻而已，难道还不幸运吗？”

“你们少废话，乖乖地跟我走！”如梦嚯的一下从树干上拔出产卵器，然后像举着一把可怕的毒剑，一步一步逼了过来。

卡拉塔和嘀嘀嗒展开翅膀，仓皇逃跑起来。

姬蜂如梦哪肯善罢甘休？她步步紧逼，在他们身后穷追不舍。

在一片打杀声中，三只小小的蜂虫大张旗鼓地追杀过一片水域。

草丛中，呱呱乱叫的青蛙猛然闭上了阔阔的大嘴，瞪大了眼睛，好奇地观望着；

水面上，从睡梦中惊醒的野鸭睁着惺忪（xīng sōng）的双眼，伸长了脖子，好奇地观望着；

海岸边，刚刚梳理完羽毛准备闭眼休息的水鸟，张大了嘴巴，好奇地观望着……

眼看着姬蜂越追越近，越追越近，马上就要追上他们啦！嘀嘀嗒灵机一动，突然停下脚步，一个回马枪，勇敢地撞向如梦。

叭唧——，猝不及防的如梦被撞得眼冒金星，嘀嘀嗒趁机用双手紧紧拖住了如梦。

“你竟敢使阴招，不想活了！”如梦狂叫着，用尾巴上的毒

刺狠狠地刺向嘀嘀嗒。嘀嘀嗒顿时浑身无力，瘫（tān）倒在地。

"卡拉塔，快跑啊！去找人帮忙！"嘀嘀嗒虚弱地喊道。

卡拉塔正想冲回去，听到嘀嘀嗒的喊声，脑子猛然清醒过来。

是啊，姬蜂有强大的武器，如果跟她硬拼，那就都回不去了！卡拉塔赶忙转身向草丛中逃去。

姬蜂如梦见卡拉塔转身逃走了，马上丢下嘀嘀嗒追了上来。

卡拉塔躲到一片大叶子后面，屏住了呼吸。

如梦哗啦哗啦地找了一圈，还是没有发现卡拉塔，就气急败坏地威胁道："我知道你就躲在草丛里！哼，看你能躲到什么时候！天亮之前，如果你还不乖乖地到我的巢穴来，你就再也别想见到你的朋友了！"

说完，姬蜂如梦拖起毫无还手之力的嘀嘀嗒飞走了。

九 到处碰壁的求援

过了好一会儿，卡拉塔已经听不到姬蜂嘤嘤嗡嗡的翅膀扇动声了，这才从那片硕大的树叶后面悄悄探出头来。

夜晚的森林里，已是一片漆黑。卡拉塔侧耳听了听，确认姬蜂如梦已经走远了，这才小心翼翼地飞了出来。

他发现四周模模糊糊的，什么也看不清楚，于是只好摸索着，轻轻地落在一堆草丛上。

呼啸的晚风就像一群看不见的魔兽，从树林外一缕一缕地钻了进来，呜——，呜——，呜——地厉声尖叫着，各种奇奇怪怪的虫兽低鸣声，也仿佛积极呼应着风儿的凄叫，在黑漆漆的树林里此起彼伏地鼓噪起来。

一种莫名的恐惧就像无形的大手，从卡拉塔的心底呲呲冒了出来，瞬间就紧紧地笼罩了他的全身。

卡拉塔不顾一切地向着林外飞去，仿佛要将那无形的恐惧远远地抛到身后，抛在这黑乎乎的森林里。

卡拉塔终于冲出了树林，飞回到了海滩边。可是，周围仍然是一片茫茫的黑夜，只有星星在天上悄无声息地眨着眼睛。卡拉塔觉得浑身精疲力竭，一下子就跌坐在了岸边的一块岩石上。

白天平静如镜的海面，不知从何时起，已经泛起了一波又一波的浪潮，哗啦——哗啦——，在寂静的夜空中掀起阵阵的巨响。

无边无际的夜空下，卡拉塔显得那么孱（chán）弱，那么渺小。他孤单单地坐在岸边，感觉从来没有这么无助过。

"怎么办？我该怎么办？"一想到嘀嘀嗒还在姬蜂手里，卡拉塔就再也坐不住了。

"不行，我得尽快去搬救兵，把嘀嘀嗒给解救出来！"一团勇气之火在卡拉塔的胸中熊熊燃起，他噌的一下，从海边的岩石上站了起来。

可是，这里人生地不熟的，该找谁帮忙呢？卡拉塔又为难了。望着眼前黑茫茫的夜色，他急得快要哭出来了。

欧——，欧——，欧——，欧——，海滩边的树林下忽然传来一阵激越的叫声。是海鸥！卡拉塔的精神顿时振奋起来。

卡拉塔清楚地记得，白天在红树林里玩耍的时候，树下那些密密麻麻的笋状根之间，有好多海鸥在那里觅食。那些海鸥羽毛洁白、个头硕大，都是一副非常矫健的样子呢。

对，海鸥体格那么健壮，姬蜂根本不是他们的对手，就去找海鸥帮忙！

　　有了目标，卡拉塔精神也振奋起来了，他奋力向着海滩边的树林飞去。

　　一只雪白的海鸥，正歪着脑袋，蹲在枝头上精心梳理着自己的羽毛。

　　"海鸥叔叔，海鸥叔叔！对不起，打扰您休息了，我有一件很紧急的事情，想请您帮忙！"卡拉塔顾不得多想，径直飞了过去。

　　海鸥回正了脑袋，睁着乌溜溜的眼睛，威严地扫了卡拉塔一眼，有些不耐烦地问："说！什么事情？"

　　"是这样的，我的好朋友嘀嘀嗒，被姬蜂如梦抓走了！"卡拉塔抽噎（yē）起来。

　　"姬蜂如梦？她为什么要抓你的朋友呢？"

　　"她把她的宝宝产在了我的肚子里，还冤枉说，是我拐跑了她的孩子……"卡拉塔抽抽搭搭地把事情的经过说了一遍。

　　海鸥皱起了眉头："那你的意思，是让我去帮你对付姬蜂如梦喽？"

　　"是啊，海鸥叔叔，你身强力壮，姬蜂一定怕你的。"卡拉塔的眼中充满了企盼，"只要您肯出手，嘀嘀嗒一定能救回来！"

　　谁知海鸥懒懒地摇了摇头，态度坚决地说："不不不，这是你们小昆虫之间的事情，我是不能掺和的，不然别人会说我以大欺小，不厚道的。"

没想到海鸥竟断然拒绝！卡拉塔顿时失望极了，他耷（dā）拉着脑袋，漫无目的地飞回了海滩边。

星空下，宽阔的滩涂上灰蒙蒙的，什么都看不见。

白天小动物们在泥地里热闹嬉戏的场景，刹那间又清晰地浮现在了卡拉塔的脑海里。

那些小动物们都去哪儿了呢？卡拉塔又打起十二分精神，在滩涂上仔细搜寻起来。

忽然，他看见前方的泥浆里，好像什么东西动了一下。

卡拉塔赶紧三步并作两步往前跑去，跑到跟前，这才看清楚：原来是一只大大的海贝，正微闭着两扇铜锣似的大贝壳，趴在泥浆之中呼噜呼噜地打盹（dǔn）呢。

这只海贝正在睡觉，要是把她叫醒的话，她会不会不高兴呀？卡拉塔犹豫起来。

"怎么办？该不该把她叫醒呢？"就在卡拉塔自言自语的时候，海贝突然嗖的一下，紧紧地合上了贝壳，然后在泥地里布噜嘟翻了一个身，竟然又把两扇贝壳张了开来。

　　　　　　　　九　到处碰壁的求援

海贝绵软而又肥白的身体，就像一摊融化了的奶酪，慢慢地从贝壳中淌了出来，一双眼睛半开半闭着。

"海贝阿姨，海贝阿姨，您醒啦？"卡拉塔一阵惊喜，不禁喊了起来。

刚刚舒展开身体准备伸个懒腰的海贝，却被卡拉塔咋咋呼呼的叫声给吓了一大跳。她迅速地缩回了身体，躺在那里半天没有反应。

"对不起，海贝阿姨，吓到您了！"卡拉塔焦急地说，"我是树蜂卡拉塔，我有急事找您帮忙！"

"找我帮忙？"紧闭的贝壳重又缓缓张开，海贝从里面探出头来，"我能帮你什么呢？"

卡拉塔赶紧把事情的来龙去脉又说了一遍，然后可怜巴巴地恳求道："海贝阿姨，您有两扇力大无比的扇壳，一定能战胜姬蜂如梦，快帮帮我吧！"

"哦，可怜的小树蜂，我很同情你的遭遇，也很想帮助你们，可是姬蜂的巢穴建在岸上，而我又离不开海水呀，离开海水我会憋死的。对不起啊……"海贝一副爱莫能助的样子。

"海贝也说帮不了我，哎！我该去找谁呢？"

就在卡拉塔极度失望之际，一个黑影忽然在眼前快速闪过，把卡拉塔着实吓了一跳。他下意识地紧跟着那个黑影向前跑了几步，想看看清楚，到底是什么东西在这黑暗的夜地里爬。

那个黑影咻咻几下，动作敏捷地越过一个又一个小土坡，极速爬过了空阔的海滩，终于在一畦水汪前停了下来。借着微弱的星光，卡拉塔看见那黑影正伸出一对大大的螯（áo）爪，不停地从水汪中捞起一串串小小的水藻，狼吞虎咽地塞进嘴里，胡吃海嚼起来。

哈，原来是一只贪吃的寄居蟹，趁着夜幕偷偷溜出来觅食呢！

都说螃蟹横行霸道，寄居蟹也是蟹嘛，你看他的那对爪子多厉害呀，要是他肯帮忙，姬蜂一定不是对手。

卡拉塔的心里又燃起了满腔的希望，他扬起翅膀，朝吃得正欢的寄居蟹径直飞了过去。

"寄居蟹哥哥，您好……"一边飞，一边还大声招呼道。

寄居蟹显然被这突如其来的喊声吓坏了，哗的一下，全身迅速躲进了那个又大又重的螺壳内，只有几只毛茸茸的细爪，还在外面留了一小截。

"寄居蟹哥哥，是我，树蜂卡拉塔，我是来找您帮忙的……"卡拉塔赶紧解释。

"你不早说！"寄居蟹唰的一下，又从螺壳里冒了出来，"我当是谁呢，吓了我一大跳！"

"对不起，是我太冒失了。"卡拉塔一边道歉，一边急切地恳求道："姬蜂如梦您知道吧？她抓走了我的朋友嘀嘀嗒。我们斗不过她，但是您有大爪子，她一定怕您的，您能帮帮我们吗？"

"啊？你想让我去打架啊！不行不行！"还没听卡拉塔说完，寄居蟹又迅速躲进了螺壳里。

"还说螃蟹横行霸道呢，没想到您这么胆小的！"卡拉塔不满地嚷道。

"别瞎说，我又不是螃蟹！"螺壳里传出了寄居蟹瓮声瓮气的嘟哝声，"让我去打架？想想都可怕，我可不想惹是生非！"

"大家都不肯帮我，这可怎么办才好呀！呜——，呜——，"卡拉塔急得六神无主，一屁股跌坐在滩涂上，大声哭了起来，"找不到救兵，那个坏姬蜂肯定会杀了嘀嘀嗒的！"

"谁呀，半夜三更的在外面鬼哭狼嚎，吵死了！"一阵低沉的吼声远远传来，卡拉塔赶紧止住哭泣，泪眼朦胧中，他看到了远处泥滩上有一个熟悉的洞穴。

那不是弹涂鱼大壮和花花的洞穴吗？！卡拉塔赶紧闭上了嘴。一想起大壮那副凶巴巴的模样，他的头上就直冒冷汗。

"别喊了，睡觉吧！"又一个温柔的声音从那个洞穴中传来。是花花，一听到这个暖暖的声音，卡拉塔的心情就慢慢平静了下来。

其实弹涂鱼也没想象中那么可怕的！卡拉塔想起了泥洞中见到的情景，在那些即将孵化的鱼宝宝面前，大壮不是也挺憨厚挺温柔的么？要不是我不分青红皂白地上门兴师问罪，人家也不见得会那么生气。

卡拉塔有点看出来了，这大壮呀，外表凶悍（hàn），内心其实还蛮简单的。他虽然贪玩，爱吓唬人，但并不像姬蜂如梦那样阴险狠辣，说变脸就变脸。

"哎，救嘀嘀嗒要紧，顾不得那么多了！"卡拉塔鼓起勇气，决定去向大壮求援。他飞到泥洞口，双手像喇叭一样拢在嘴巴上，喊叫起来："大壮叔叔！大壮叔叔！"

"谁呀，大呼小叫的，还让不让人睡觉了！"大壮睡眼惺忪地从泥洞里钻了出来，看到卡拉塔，不禁勃然大怒，"怎么又是你！没礼貌的小家伙，你还想来捣乱啊？！"

"不是的……不是的……"卡拉塔结结巴巴地说，"我是来求您帮忙的！"

"帮忙？我为什么要帮你？帮你对我有什么好处呢？"大壮好像很不耐烦。

"我……我……"卡拉塔一时不知该怎么说才好。

"亲爱的，你真的不帮他吗？"花花在后面轻声问道。

"哼，谁叫他那么没有礼貌，当然不能随便帮了！"大壮傲

九　到处碰壁的求援

慢地昂起了脖子。

　　"你……你……"卡拉塔又急又气，掉头就向黑漆漆的空中飞去。

十　勇闯姬蜂老巢

卡拉塔漫无目的地在夜空中飞呀飞呀，不知不觉又飞回到了那株木榄树旁。黑茫茫的夜色中，这株大树就像一个外表朦胧的巨人，悄无声息地伫立在静静的海水中。那茂密而张扬的树冠，仿佛与铺天盖地的夜色融合在了一起，让卡拉塔内心的无助变得更加无处安放。

看到这株他们穿越过来的大红树，卡拉塔禁不住悲从中来，他忍不住扑过去，用细小的爪子紧紧地抱住树干，趴在树上哇哇哇地大哭起来："大红树呀，我该怎么办？"

一阵风儿从耳际呼啸而过，满树的叶子忽然瑟瑟地抖动起来，发出了巨大的唦唦声，似乎在鼓励卡拉塔不要害怕，要勇敢杀向姬蜂的老巢，救回自己的好朋友！

"嗯，大红树你说得对！看来，只有靠我自己了！"一想到嘀嘀嗒还处在危险之中，卡拉塔不得不冷静下来。

无论如何，都要做最后一搏！他强打起精神，决定孤身前往。

但是折腾了一天，卡拉塔早已是筋疲力尽。

"就这么去挑战姬蜂如梦的话，肯定不是她的对手啊。"卡拉塔心里琢磨着，"得抓紧时间去补充一点能量才行！"

卡拉塔扑闪起翅膀，马不停蹄地飞向了桐花树林。一进小树林，他就急切地飞到布满结晶盐的叶片上，大口大口地舔食起来。

咸咸的泌盐一入口，立即化作一道道无形的能量，滋滋滋地顺着喉咙淌进了卡拉塔的身体里，他渐渐觉得浑身又充满了力量。

"加油！"卡拉塔小拳一握，从树叶上倏的一下升腾起来。

我们的小战士卡拉塔，终于做好战斗前的准备了。

"天哪，这么重要的事情，我怎么给忘啦？"卡拉塔喃喃地懊悔道，"我都不知道姬蜂的老巢在哪里，这怎么去营救嘀嘀嗒呢？！"

卡拉塔像只没头苍蝇似的，在海岸边的树林间茫无目的地蹿来蹿去，心里急得快要喷出火来啦。

"卡——卡拉塔，你——你怎么啦？这——这深更半夜的，你——你瞎蹿个啥——啥啊？"黑暗中，忽然传来了一个结结巴巴的声音，"咦，你——你的小——小伙伴呢？"

卡拉塔一回头，原来是团水虱圆圆，正从那株枯树中伸出脑袋呢。

“嘀嘀嗒被姬蜂如梦抓走了！”卡拉塔心急火燎。

“姬蜂？如梦？”枯树里又探出个胖胖的脑袋，是嘟嘟，“可是之前她不是还对你们很热情的吗？跟你们介绍了不少红树林的知识……”

“哎，别说了！谁知道她说翻脸就翻脸呢！”卡拉塔的眉头快皱成了一团疙瘩。

“可——可是，如——如梦为什么要抓嘀——嘀嘀嗒呢？”圆圆一脸搞不明白。

“她说，她把孩子生在我肚子里了，所以要抓我回去。我们在逃跑的时候，嘀嘀嗒为了救我，结果就被如梦用尾巴上的毒刺蜇（zhē）伤了……”

“这个如梦原来这么阴险呀！我还以为她是个好人呢！”亮亮也钻了出来，“嘎嘎嘎，那你还不赶紧去救人，在这里飞来飞去的瞎跑什么！”

“我打不过她呀。”卡拉塔的脸变成了一个大大的囧（jiǒng）字，“嘀嘀嗒让我去找救兵，可是我找了海鸥叔叔，找了海贝阿姨，找了寄居蟹哥哥，还有弹涂鱼大壮和花花，可他们都不愿意帮我，呜——”

说到这里，卡拉塔忍不住又难过起来。他狠狠地咬了咬嘴唇，愤懑地说：“哼，他们都不帮我，那我只有自己去找姬蜂拼

十 勇闯姬蜂老巢

命了！"

"别说了，我们帮你去救嘀嘀嗒！"亮亮昂了昂小胸脯，充满豪气地打断了卡拉塔。

"真的？你们肯帮我？"卡拉塔有些意外，更有些不好意思，他羞愧地说，"之前，之前我那样对待你们，你们不生气吗？"

"那——那有什么好——好生气的！"圆圆满不在乎地说。

"你那时候也是一条吃树干的虫子呢，我们不都已经嘲笑回来了，哪里还会这么小气，一直生你的气啊！"亮亮也大大咧咧地嘎嘎嘎大笑起来。

"哦，你们太好了！"卡拉塔既羞愧又感激，"可是，可是我

们的力气都这么小，能打得过姬蜂吗？她可是有非常厉害的秘密武器的！"

"不就是她屁股上那根有毒的长刺吗，怕啥？动动脑筋！"亮亮点点自己的脑瓜子，一副成竹在胸的样子，"我们人多，打不过就智取呀！"

"嗯嗯，"卡拉塔使劲点头，又使劲摇头，"还是不行，还是不行！"

"你怎么磨磨叽叽的？又哪里不行啦？"亮亮有点嫌弃。

"我们根本不知道姬蜂如梦住在哪里呀？"卡拉塔一脸无奈，"如果知道她的老巢在哪儿，我早冲过去了！"

"嘿嘿，你不知道，不等于我们不知道呀！"嘟嘟眨眨眼，

得意地笑了。

"对哦，原来你们知道……"卡拉塔顿时斗志昂扬。

"那——那我们快走吧！"圆圆嗵的一声，第一个跳进水里，"卡——卡拉塔，你跟着我——我们来！"

磕磕绊绊的话音刚落，亮亮和嘟嘟也已紧跟着嗵——嗵——跳进水中，三只团水虱一齐伸出两排细细的小足，飞快地划动起来。霎时，水面上出现三颗快速移动的圆点，就像三粒子弹沿着海岸向前射去。

卡拉塔赶紧鼓起翅膀，贴着水面紧跟了上去。

他们游啊，飞啊，走了好一会儿，终于来到了岸边的一堆大土坡前。

土坡上东一个西一个散落着几处洞穴，和弹涂鱼修筑在泥地中那个湿答答的巢穴不一样，这些洞穴都是在岸上干燥的黄泥中挖出来的，远远望去，就像是长在土地上一个个用来呼吸的鼻孔。

圆圆停了下来，指着其中一个最大的洞穴说："喏，那就是姬蜂的老——老巢，如——如梦和她的老——老公黑影就住在里——里面。"

"她还有老公呀？那不是更难对付了？！"卡拉塔担心起来。

"嗯，不过别害怕，我们分成两队，一队先把如梦和她老公引出来，然后另一队再悄悄潜入洞中，把嘀嘀嗒给救出来！"亮亮镇定自若地给大家分派着任务，像极了一个经验丰富的指挥官。

"嘀嘀嗒已经被姬蜂麻倒了，好像走不了路了，得多去几个人把他抬出来。这样吧，我去把他们引开，你们一块儿进去把嘀嘀嗒抬出来！"卡拉塔说完，没等团水虱们表态，就勇敢地向着那个洞穴飞去。

"骗人精！骗人精！你给我出来！"还没飞到洞口，卡拉塔就已经抬高嗓门，故意破口大骂起来。

洞穴中传来一阵窸窸窣窣（xī xī sū sū）的嘈杂声，不一会儿，姬蜂如梦和她的老公黑影果然气势汹汹地爬出了洞巢。

"哈哈哈，可怜鬼！你不是去搬救兵了吗？"看到卡拉塔孤零零一个人站在外面，如梦狞笑起来，转头对黑影说道，"老公你看我说的没错吧？这小子根本找不到帮手，我就知道，最后他只能乖乖地送上门来的！"

"老婆大人英明神武，料事如神！"姬蜂黑影谄媚道。他长着一张黑乎乎的脸，根本看不清脸上真实的表情。

"坏蛋！骗子！你们把我的朋友怎么样了？"卡拉塔义正词严地斥责。

"怎么样了？当然是关起来喽！还有你，也休想逃出我的手掌心！”说完，如梦就张开爪子朝卡拉塔扑了过来，黑影也跟在后面。

趁着卡拉塔与两只姬蜂周旋之际，圆圆和亮亮、嘟嘟悄悄钻进了姬蜂的老巢。

卡拉塔瞥见三只团水虱已经钻进洞穴，知道姬蜂上当了，于是开始往后撤。他一边后退，一边还故意大喊："来抓我呀！来抓我呀！我才不怕你们呢，抓不到我，你们是小怂蛋！"

"哇呀呀——，这小子嘴真贱，气死我了！看我不撕碎了他！"黑影大叫着要冲过去，却被狡猾的如梦拦住了，她眨巴了几下鬼眼睛，回身吩咐道："老公，你回去看住那个俘虏，这小子我来对付，他跑不了的！"

"是，老婆大人！"四肢发达头脑简单的黑影得到指令，立即转身向老巢飞了回去。

"糟糕！"卡拉塔心里一惊，却已经来不及了。

姬蜂老巢的洞口，圆圆和亮亮、嘟嘟正合力抬着全身麻痹的嘀嘀嗒，吭哧吭哧地钻出来呢，结果就和突然折回去的黑影迎面撞上了。

"你们这些臭虫子，吃了豹子胆啦？竟然敢在老子眼皮底下耍花招！我要把你们全都抓起来！！"黑影高高地翘起尾巴，亮出可怕的尾刺，气势汹汹地冲向三只团水虱。

　　"大家赶快隐蔽！"亮亮大喊一声，三个小伙伴立马蜷
（quán）缩起身子，变成了三个圆滚滚的小球，而自己的身体早
已严严实实地包裹在了坚硬的甲壳当中。

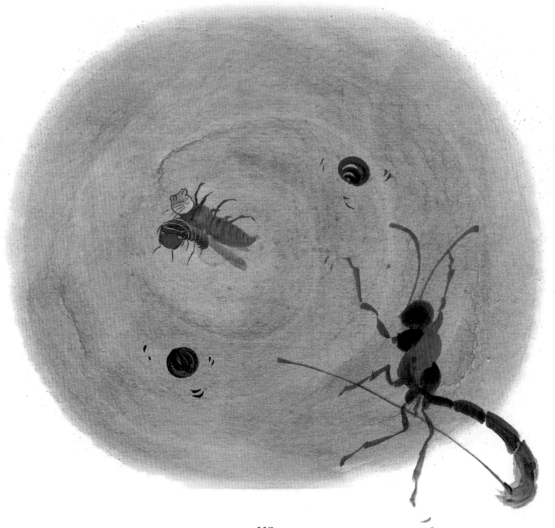

黑影挥舞着尾刺，对着三个圆球噼里啪啦就是一通乱刺，可是每当他刚碰到那些圆球，团水虱们就都咕噜噜地滚出好远，根本伤不到一丁点儿皮毛，气得黑影暴跳如雷，却无计可施。

那边正在追赶卡拉塔的如梦听到这边的打斗声，回头看见自己的老公正对着三只缩成球的团水虱发干火，顿时火冒三丈："臭小子，你以为找这些虫子来，就能帮得了你吗？甭做梦了！"

如梦气急败坏地紧追着卡拉塔，卡拉塔用尽全力往前飞，可还是飞不过如梦。眼看着姬蜂越追越近，越追越近，卡拉塔的心都快要蹦出胸膛了。

"吃我一剑！"如梦尖叫着使出了毒器，卡拉塔顿觉屁屁上一阵猛烈的刺痛，身上的力气一瞬间就像被抽走了似的，手脚翅膀全部瘫软下来，呼的一下摔了下去。

"看你往哪里逃！哈哈哈——"身后传来姬蜂如梦的狂笑声。

卡拉塔眼前一暗，只觉得天空正在悠悠飘过三个大字：

"完蛋了"

十一　援兵从天而降

那短短的几秒钟时间，对于处在绝望之中的卡拉塔来说，真的是相当漫长啊！

各种往事的碎片，就像未经剪辑的电影片段一般，刹那间在脑海里翻滚、涌现、交叠、回闪——

深夜的博物馆大厅里，奇妙的标本仓鼠忽然张嘴说话，他脆生生地告诉卡拉塔，他的名字叫作嘀嘀嗒，可以带卡拉塔变身，去神秘的树洞里体验生命的奥妙……

充满木质暖光的大红树树干内，两条肥胖的白虫在快乐地打洞穿行，身后留下了两道长长的孔道，卡拉塔突然觉得屁屁一阵刺痛，胸口闷得十分难受……

枯树枝上爬满了披着甲壳的虫子，三只团水虱叽叽喳喳地嘲笑着卡拉塔，说他把红树林的树根当成了竹笋……

姬蜂笑盈盈的脸蛋，木榄、角果木、秋茄、海桑，各种形状的胎生树种子，闪闪发光的泌盐小树林，以及叶片上晶莹剔透的结晶盐……

弹涂鱼张着大嘴，从树枝上张牙舞爪地向他扑来，卡拉塔仓皇逃窜，一头撞进了弹涂鱼的泥穴，洞壁上沾满了玛瑙般通透的鱼卵……

姬蜂突然变得凶神恶煞，用可怕的毒刺狠狠刺伤了嘀嘀嗒，卡拉塔躲在树叶后面，眼睁睁地看着嘀嘀嗒被姬蜂拖走……

海鸥态度坚决地摇头……海贝爱莫能助地叹息……寄居蟹胆小地缩进了螺壳中……弹涂鱼满脸不高兴，厌恶地驱赶着卡拉塔……

卡拉塔感觉自己正在不断地下坠、下坠，坠入了一个无底的深渊……

"住手！"夜空中忽然传来一声沉闷的怒吼，卡拉塔蓦然惊醒。他睁眼一瞧，只见茫茫的夜色中，有两条长长的影子从海水中飞跃上来，啪——啪——两声，稳稳地落在了岸上的泥地里。

月亮不知什么时候已经挂在了头顶上，借着清冷的月光，卡拉塔依稀看清了那两条黑影。

是弹涂鱼大壮和花花！他们不是不肯帮忙的吗？怎么又来了？卡拉塔简直不敢相信自己的眼睛。

看到这两条花花绿绿的大鱼，犹如神兵天降般地突然出现在眼前，刚才还神气活现的如梦和黑影，顿时都大惊失色地愣在原地。

"放了那两只小树蜂！"大壮低沉地吼叫着，"不然我一口吞了你们！"

两只姬蜂吓得全身直哆嗦，丢下被毒刺麻倒在地的两只小树蜂和三只缩成小球球的团水虱，抱着脑袋转头就往岸边的草丛逃跑。

对哦，弹涂鱼是专门吃各种小昆虫的！卡拉塔猛然反应过来。虽然他们没有吃我，但并不表示他们就一定不吃姬蜂啊！哈哈，难怪如梦和黑影一看见大壮和花花，就吓得屁滚尿流，落荒而逃了。

听到有救援赶来，团水虱亮亮、圆圆和嘟嘟纷纷展开身体，迅速爬回到了嘀嘀嗒的身边。

"我的口哨，我的口哨还在姬蜂手里……"躺在洞口的嘀嘀嗒用尽全身力气，指着仓皇逃窜的如梦和黑影喊道。

"听见没有，留下他们的口哨！"花花怒目圆睁地追向姬蜂，生气地命令道。

"还你！还你！这破玩意儿，本来我就没想要……"如梦转身把银口哨扔向嘀嘀嗒，然后就和黑影一起逃进了密不透风的草丛里。

团水虱圆圆动作敏捷地往前跑了几步，一把捡起丢在泥地上

十一　援兵从天而降

的银口哨，高高地擎（qíng）在手里，跑回到嘀嘀嗒身边："喏，嘀——嘀嘀嗒，你的小——小口哨！"

"谢谢！"嘀嘀嗒从圆圆手中接过神奇的变身法器银口哨，用手小心地擦去沾在上面的黄泥，然后郑重其事地把口哨挂回了脖子上。

"厉害！你们一出手，姬蜂立马落荒而逃！"团水虱亮亮冲着大壮和花花举起了小拳头，嘟嘟也在一旁兴奋地跳脚附和。

"大壮叔叔，谢谢您！"嘀嘀嗒勉强撑起上半身，有气无力地说道。

"小意思啦，不客气啊，小树蜂！"大壮豪气地摆摆手，竟然露出了一丝腼腆（miǎn tiǎn）的神色。

姬蜂的刺毒，这时已经在卡拉塔的身体里不断地发作起来，他觉得手脚开始有些麻木，身体也有些不听使唤起来。

"嘀嘀嗒——"他硬撑着，摇摇晃晃地飞到嘀嘀嗒身边，刚喊了一声，就一头栽了下来，跌倒在嘀嘀嗒身边，昏迷了过去。

"卡拉塔，你怎么了？"嘀嘀嗒见状心急如焚，他艰难地伸出双手去拉卡拉塔，却怎么也拉不醒自己的小伙伴。

"估计是刚才被姬蜂的尾部刺到了，中了他们的毒液。"弹涂鱼花花上前察看了一番，宽慰大家道，"不过别担心，这个毒液没什么大问题的，他一会儿就能醒过来，只是手脚可能还要麻痹几天……"

"没想到姬——姬蜂如梦会这么阴——阴毒，竟把自——自己的孩子产在别——别人身体里，用别——别人的肉体来养——养活她的孩子！"团水虱圆圆有些义愤填膺。

"是啊，这就是姬蜂的天性嘛。"大壮点点头。"要不然，怎么说姬蜂是你们树蜂的天敌呢。其实不光如梦会做这样缺德的事，所有的姬蜂妈妈都会对树蜂做同样的事的。"

"那……"嘀嘀嗒欲言又止，大壮却已经向他投去了询问的目光："那什么？"

"你们弹涂鱼不也是我们昆虫的天敌吗？为什么你不吃我们，却还要帮我们呢？"嘀嘀嗒满脸问号。

"你说的是没错，但我们做事是有原则的啊……"大壮还没说话，嘟嘟就在边上抢着说道："是啊是啊，弹涂鱼叔叔也是很有正义感滴！"

卡拉塔渐渐苏醒过来了。他一睁开眼睛，突然看到许多脑袋凑在他身边，用关切的目光注视着他，不禁大大地吓了一跳。

"我，我这是在哪里呀？"他下意识地抬手，想抓抓脑袋，却发现几条臂爪酸软酸软的，还十分无力。

"卡拉塔，你终于醒啦？"嘀嘀嗒欣喜地喊道，"刚才你被姬

十一 援兵从天而降

蜂如梦的毒刺刺中了，昏迷了好一会儿。"

"是吗？嘀嘀嗒，我们终于又团聚了！"卡拉塔说着，奋力张开软软的双臂，两个好伙伴开心地拥抱在了一起。

"这一次，多亏了大壮叔叔和花花阿姨及时相救，才赶跑了姬蜂如梦和她的老公黑影。"嘀嘀嗒说着，悄悄地推了卡拉塔一把，意思是让他赶紧表示一下感谢。

"可是，可是你不是说，没好处就不帮我们的吗？"卡拉塔怯生生地望向大壮，嘟着嘴问。

"哈哈哈，那是逗你玩的，谁叫你之前那么没礼貌呢？"说着，大壮得意地扬了扬头，"不过这性命攸（yōu）关的事，我大壮怎么可能坐视不管呢？！"

"其实你也很勇敢呀，为了营救你的好伙伴，你不仅到处找人帮忙，而且还跟姬蜂进行了毫不畏惧的斗争！"花花对着卡拉塔竖起了大拇指。

"是啊是啊，卡拉塔很勇敢！卡拉塔很勇敢！"团水虱圆圆、亮亮和嘟嘟也都兴奋地喊叫着。

"谢谢你们，圆圆、亮亮和嘟嘟！没有你们的鼓励和帮助，我也不可能这么勇敢……"卡拉塔谦虚地说道。

刹那间，整片红树林都热烈欢呼起来，繁茂的花草和树木在晚风中左摇右摆，尽情地舞蹈；青蛙、野鸭、昆虫、蝴蝶……

林间的各种小动物都纷纷钻出树林，聚集在了岸边的泥坡上，一齐鼓掌，高声欢唱。

"哦也——哦也——"欢呼声从海岸边穿越红树林，在空中久久回荡。

夜晚的森林忽然变得热闹而又美丽：青蛙在水边鼓着腮帮子，呱呱呱地高声歌唱；趴在草丛堆里的蚱蜢，用尽全力弹奏着美妙的夜曲；无数**萤火虫**提着一盏一盏亮闪闪的小灯笼，在

萤火虫的种类很多，在它们的腹部末端都有一个能发出绿色光辉的发光器官。它们白天伏在草丛中，夜晚飞出来活动。

夜晚人们可以看到萤火虫一闪一闪地飞行，这是由于萤火虫体内一种称作虫荧光素酶的化学物质与氧气相互作用，从而产生的光亮。这种被称作虫荧光素酶的化学物质像开关一样启动这种反应，当萤火虫产生虫荧光素酶的时候，这种反应就开始了，萤火虫便会发出一闪一闪的光亮。

萤火虫不仅成虫可以发光，就连卵、幼虫、蛹也会发光。

你知道萤火虫为什么要发光吗？原因有两个：一是为了求偶，雌雄萤火虫通过发光相互吸引追逐，寻找自己满意的对象；二是为了吓唬敌人，光亮可以警告其他生物，不可随便冒犯。

捕捉萤火虫一般都在夏季的夜晚，雌虫有在草地表面逗留的习惯，只要捉到第一只后，用透明的玻璃瓶子装起来，便可以轻易地吸引来更多的萤火虫。玻璃瓶中的萤火虫越多，捕捉就变得越容易。

十一　援兵从天而降

树叶下忙碌地穿梭着；闪着蓝色荧光的**大闪蝶**，像一个个美丽的小天使般上下翩飞……

一切都是那么的祥和美好，满天的星星和弯弯的月亮都在天上眨着眼睛笑了。

"来，让我们送你俩回家吧！"大壮看了看两只小树蜂，热情地招呼道。

"是啊，你们刚刚恢复元气，身体还很虚弱。"花花赞同道。

在团水虱们的帮助下，卡拉塔和嘀嘀嗒分别被扶上了大壮和花花宽宽的脊背。

"坐稳啦，回家喽——"。林间的水面上，忽然响起了一声愉快的长喝声。弹涂鱼大壮和花花驮着卡拉塔和嘀嘀嗒，沿着海岸线一蹦一跳地向着大红树进发。

三只团水虱灵活地跃入水中，

全世界大约有14000个蝴蝶品种，绝大部分蝴蝶都有着非常亮丽的颜色。

翅膀泛着淡蓝色荧光的大闪蝶，其身上那种神秘的蓝色，并非来自色素，而是来源于其翅膀上成千上万的半透明鳞片。这些鳞片可以过滤出可见光中的蓝光，并使之从蝴蝶的翅膀上散发出来。它能在天敌接近的时候，快速地拍动翅膀产生一道耀眼的闪光，然后把天敌吓跑。

野外采集蝴蝶需备有捕虫网、毒瓶、镊子和三角纸袋等。捕虫网可以自制，一般用铁丝弯成的网圈，两端适当留出一段，弯成直角，固定在网柄上；网袋可用白色细眼珠罗纱、白蚊帐布或粗纱布及尼龙蚊帐等缝合而成。如果能把自己亲手捕捉到的美丽蝴蝶制作成标本，那将是一件非常有意义的事。

舒展开身体，在海水中紧紧地跟在后面。

他们经过了那片树叶上铺满结晶盐的桐花树林，卡拉塔忽然有些依依不舍。

"大壮叔叔，能不能麻烦您停一下？让我们再品尝一下结晶盐吧！"说着，卡拉塔用尽全力扇起翅膀，从大壮的背上轻轻飞起，一直飞到桐花树叶上，趴在那里痛痛快快地舔了起来。

卡拉塔和嘀嘀嗒舔食了不少结晶盐后，身上的力气又恢复了不少，手脚也不再麻木了。

  十一 援兵从天而降

十二 再见！红树林

这支由树蜂、弹涂鱼和团水虱组成的特殊队伍，在繁星满天的夜色中不断前行，他们游过了长长的海湾，穿过了茂密的红树林，终于，那株高大而又挺拔的木榄树出现在了前方。

璀璨的星空下，木榄树伸展着巨大的树冠，静静地伫立在面前，仿佛张开怀抱欢迎着两只小树蜂的胜利回归。

那一刻，卡拉塔的眼中竟止不住地淌出了眼泪，这泪水就像突然而至的大雨，哗哗地流个不停。这是劫后余生的喜悦之泪？还是即将分别的不舍之泪？连他自己都分不清楚。

"到啦！到啦！"三只团水虱齐声欢呼。

"快上去吧！"大壮耸耸肩，示意背上的卡拉塔赶快上树。卡拉塔的心底忽然涌上一股酸酸的暖流，他俯下身子，在弹涂鱼光溜溜的脑袋上重重地亲吻了一下，轻轻说了声"谢谢！"然后展翅向木榄树的树顶飞去。

在弹涂鱼和团水虱的帮助下，卡拉塔和嘀嘀嗒终于安全回到了大红树里。

他俩趴在树洞口，依依不舍地遥望着树下游浮在水面上的两条弹涂鱼和三只团水虱，拼命地挥舞着小手。他们知道，这次一走，以后可能就再也见不到这些外表虽然有点可怕，内心却十分善良可爱的动物伙伴们了。

"再见啦，朋友们，谢谢你们的无私帮助！"嘀嘀嗒喊着。

"再见啦！圆圆、亮亮、嘟嘟！再见啦！大壮叔叔、花花阿姨！"卡拉塔抹着眼泪，不厌其烦地一个一个点着团水虱和弹涂鱼的名字，与他们道别。

弹涂鱼和团水虱们却根本不知道卡拉塔和嘀嘀嗒即将变身回去，不会再回到这片红树林来了。他们觉得今天出手帮助小树蜂打败姬蜂，实在是一件微不足道的小事，卡拉塔表现得也实在有点太煽情了！

"好啦好啦，别婆婆妈妈的了，明天见！"亮亮嘎嘎两声，率先转身往枯树枝的方向游去。

"天不早了，快进去休息吧，再见！"花花也摇摇手，亲切地催促道。

告别了弹涂鱼和团水虱，卡拉塔和嘀嘀嗒收拾好心情，开始踏上了回家之路。

他们从上往下，在大红树里不停地爬呀爬呀，一刻都不敢停留。虽然感觉已是筋疲力尽，却还是咬着牙，疲惫地往前爬着。

"奇怪了，我们来的时候，大红树的树干里明明是又宽敞又亮堂，到处充满了木质的暖光和清香的。"卡拉塔环顾着四周，心中充满了疑惑，"怎么现在这大红树里黑漆漆的，弥漫着一股枯枝烂叶的腐败味儿？"

"别停下脚步，继续往前走！"嘀嘀嗒严肃地催促着，随即又长长地叹了一口气，"哎！这个问题，可不是什么轻松的话题，你不问我还真不想说呢！"

"怎么回事？什么事不能说啊？"卡拉塔的好奇心又被钓起来了。

"因为这都是我们犯的错呀！"嘀嘀嗒顿了顿，继续说道，"其实亮亮说得一点没错，我们树蜂和团水虱一样，都是一种蛀干害虫。我们穿越过来的时候，已经把这株大红树的树干给蛀空了，所以等我们回去的时候，它就枯死了……"

"哦，原来是这样，那太可怕了！"卡拉塔心情沉重地说，"我再也不要变树蜂了。"

说话间，前方忽然出现了一点光亮。

"停！"嘀嘀嗒伸手挡住了卡拉塔，"做好准备，我们要开始变身了！"说着，举起胸前的那枚银色口哨，放到嘴里吹了起来。

随着"咻——咻——"两声哨响，卡拉塔和嘀嘀嗒嗖嗖嗖地不断膨大，一瞬间就都变回了原来的模样。

糟糕！卡拉塔忽然想起了还在馆长办公室加班的老爸，心想：这下可惨了，出来疯玩了这么久，老爸一定到处在找我，找得都快抓狂了吧？哎！待会儿免不了要挨骂了。

嘀嘀嗒仿佛看穿了卡拉塔的心思，慢悠悠地说道："放心啦，当我们穿越到变身场景里去的时候，外面的时间是凝固的啦！"

"对哦，"卡拉塔大喜过望，"之前你好像有说起过，这段时间等于都抹去了，我们又回到了原来的时间？"

"Bingo！正是这样！"

"哈哈，那老爸根本就不会发现我们这次的神秘之旅喽！"

卡拉塔终于爬出了树洞，回到了博物馆的展厅里。正如嘀嘀嗒所言，时间好像根本没有运转过一样，展厅里的景象一切依旧。

琳琅满目的标本墙上，一只夺目的树蜂还在那里闪着诱人的金色光芒，仿佛在召唤着卡拉塔再次变身。回头望望身后的红树林复原场景，那些茂密的树冠和张牙舞爪的树根，仍旧跟之前的一模一样，大红树下那个大树洞，重又变得黑黢黢的，充满了神秘莫测的气息，卡拉塔不禁暗自庆幸，自己终于从那里逃了出来。

"乌拉，我们终于回来了！"卡拉塔欢呼起来。

"嘘——"嘀嘀嗒伸出小小的食指抵在嘴唇上，做了个嘘声

　　　　　　　十二　再见！红树林

的动作，"现在还是北京时间二十点三十五分，这里是博物馆，不适宜大声喧哗哦！"

"哦哦。"卡拉塔吐了吐舌头，赶紧捂住了自己的嘴。望着重新恢复了活力的嘀嘀嗒，卡拉塔绽开了笑脸，"你的身体已经不麻木了吧？好神奇啊，我好像也彻底恢复啦，身上一点不难受了，手脚也不麻木了，哈哈，又可以走路啦！"

说着，卡拉塔从地上骨碌一下爬了起来，把双手背在腰后，像电视机上的领导同志那样，挺起腰板神气活现地来回走了几步。忽然，脚下一疼，好像踢到了什么东西，卡拉塔低头一看，哈哈，原来是自己的那把手电筒，居然还静静地躺在展厅的地上呢。

"这有什么好大惊小怪的！"嘀嘀嗒一副很在行的样子，"树蜂那么小，姬蜂的毒液足可以让我们瘫痪；但是现在我们变得这么大了，那点毒液就根本算不上什么啦！"

"原来是这个道理啊。"卡拉塔恍然大悟。

"哎哟，我的肚子好疼！好疼！"卡拉塔忽然捂住肚子，表情痛苦地蹲到了地上。

"哎呀！一定是姬蜂宝宝又在你肚子里作怪了！"嘀嘀嗒调皮地眨着眼睛。

"不会吧？"卡拉塔吓得说话也不利索了，结结巴巴的语气中带出了哭腔，"我——我不会真的生一窝小姬蜂出来吧？"

"这个难说哦，姬蜂如梦把她的虫卵产在你的肚子里，本来就是要让她的孩子吃着你的肉，在你身体里长大的嘛！"

"呀咦——，那太可怕了，这咋办办啊？"卡拉塔顿时崩溃，他一把拽住嘀嘀嗒，哀求道，"嘀嘀嗒，你是变身神鼠，不管啦，你得帮帮我！"

"哈哈哈！别担心，没事的，待会儿你上个厕所就好了！"嘀嘀嗒见卡拉塔真的被吓住了，就大笑着安慰道。

"你这只坏蛋仓鼠，我要揍扁你！"卡拉塔故作生气，自己却忍不住也笑了。

"好了，你快点回卡馆长那里去吧，不然他真的要来找你了！"说着，嘀嘀嗒把小口哨攥在了手里，急急道，"我也得变回标本了。"

"不行！别走啊！"卡拉塔捂着还在阵阵作疼的肚子叫道，"我的肚子疼还没好呢，你怎么可以这么不负责任的啊？不许丢下我一个人走！"

"别担心，卡拉塔，今后你就把我带在身边吧，这样就能随时唤醒我了。"

"可你是博物馆的标本哎，我怎么能随便带回家呢？"卡拉塔有些为难。

"我才不是这里的标本呢，你想想看，这是湿地博物馆，哪来的仓鼠标本呀？"嘀嘀嗒眨眨眼，"你就放心把我带上吧！记住，需要我的时候，你只要望着我的眼睛，喊一声'*淘气的小坏蛋*'，我就会回来的。拜拜！"

嘀嘀嗒说着，"咻——咻——"两声又吹响了口哨，眨眼间就变回了一只一动不动的仓鼠标本。

"啊呀，肚子受不了啦！"卡拉塔把仓鼠标本紧紧地捧在手里，一边喊着，一边以百米冲刺的速度，十万火急地向着厕所冲去。

随着肚子里的秽物哗啦啦地倾泻而出，卡拉塔感觉浑身有一股从未有过的轻松和舒坦。

"真的是这么灵验呀？莫非我已经把姬蜂的虫卵都给拉出来啦？"卡拉塔迫不及待地低头一看，呀！一大坨冒着热气的便便，里面果然隐约可见有两粒洁白晶莹的虫卵呢！

哈哈，虫卵终于拉出来啦！

悬在卡拉塔心头的一块大石终于稳稳落了地。

这天深夜，卡拉塔跟在爸爸身边，静静地往家里走。

"儿子啊，刚在你在馆里都逛了哪些地方啊？"卡馆长托了托鼻梁上渐渐滑下来的眼镜。

"就在中国厅逛了逛，钻了一下红树林下面的那个大树洞……"卡拉塔含含混混地说道。

"好玩吗？"卡馆长神秘地笑着问。

"还挺好玩的。"卡拉塔低着头，装作专心走路的样子。

卡馆长也继续往前走着，不再问话了。他似乎并没有注意到，在儿子背后那只大大的双肩书包里，鼓鼓囊囊地多了一只仓鼠标本。

卡拉塔终于放下心来。

下一次，让嘀嘀嗒带我穿越去哪里？再变成什么动物呢？想到这里，卡拉塔兴奋得全身每个细胞都快乐起来了。

图书在版编目(CIP)数据

　　神秘的树洞 / 陈博君著. — 　杭州：浙江大学出版社，
2018.6
　　(疯狂博物馆·湿地季)
　　ISBN 978-7-308-18019-1

　　Ⅰ．①神…　Ⅱ．①陈…　Ⅲ．①自然科学－儿童读物　Ⅳ.
①N49

　　中国版本图书馆CIP数据核字(2018)第037540号

疯狂博物馆·湿地季——神秘的树洞

陈博君　著

责任编辑　王雨吟
责任校对　吴美红
绘　　画　柯　曼
封面设计　杭州林智广告有限公司
出版发行　浙江大学出版社
　　　　　（杭州市天目山路148号　　邮政编码　310007）
　　　　　（网址：http://www.zjupress.com）
排　　版　杭州林智广告有限公司
印　　刷　杭州钱江彩色印务有限公司
开　　本　710mm×1000mm　1/16
印　　张　9
字　　数　78千
版 印 次　2018年6月第1版　2018年6月第1次印刷
书　　号　ISBN 978-7-308-18019-1
定　　价　25.00元

版权所有　翻印必究　　印装差错　负责调换
浙江大学出版社发行中心联系方式：0571-88925591；http://zjdxcbs.tmall.com